小百科
安全

李澍晔　刘燕华　李美晔◎著

·北 京·

图书在版编目（CIP）数据

女生安全小百科/李澍晔著.

北京：中国经济出版社，2017.10（2024.1重印）

ISBN 978-7-5136-4528-7

Ⅰ.①女… Ⅱ.①李… Ⅲ.①安全教育—青少年读物 Ⅳ.①X956-49

中国版本图书馆CIP数据核字（2016）第307785号

责任编辑　陈　瑞

责任印制　马小宾

封面设计　任燕飞装帧设计工作室

插图作者　刘璐雨

出版发行　中国经济出版社

印 刷 者　番茄云印刷（沧州）有限公司

经 销 者　各地新华书店

开　　本　880mm×1230mm　1/32

印　　张　9.25

字　　数　187千字

版　　次　2017年10月第1版

印　　次　2024年1月第6次

定　　价　36.00元

广告经营许可证　京西工商广字第8179号

中国经济出版社 **网址** www.economyph.com **社址** 北京市东城区安定门外大街58号 **邮编** 100011

本版图书如存在印装质量问题，请与本社销售中心联系调换（联系电话：010-57512564）

前言

人们生活的环境越来越复杂了，各种危险随时都会发生。同学们想过吗？一旦危险发生在你眼前，知道该怎么办吗？是惊慌失措、呆若木鸡地等待呢？还是灵活机智，采取求生方法呢？这是一个非常严肃的话题，需要同学们认真思考。

为什么说现在的危险因素增多了呢？主要是自然环境恶劣了，地震、海啸、龙卷风、沙尘暴、泥石流、暴风雨、雷电等灾害频频发生。另外，由于工业化进程的加快，汽车、电器、轮船、飞机、火车、电梯、电脑、手机与人们几乎形影不离，发生意外事故的概率增大。

随着人们生活水平的提高，外出旅游的次数增多，特别是探险的欲望逐渐增强，一些同学喜欢到荒野里游玩，无形中增加了遇到危险的机会。无论怎样的危险，无论以什么方式出现的危险，只要同学们有预防危险的心理准备，掌握了求生的技能，就会在危险发生前，做出正确的防范；就会在危险发生时机智应对，把危险降到最小。所以，从现在开始，认真学习求生本领，才能做到遇事不慌乱，化险为夷，从容应对。

李勤晔　刘燕华　李美晔

2017 年 4 月 28 日

北京郊区老房子

目录

二、与人交往

三、网络陷阱

四、 校外活动

五、校园生活

六、外出旅游

七、家中险情

一、保护身体

1. 头发

头发是人体的重要组成部分，自婴儿出生就伴随着头发的生长与发育。头发还是皮肤的附属物，对人的生活有十分重要的作用。女生如果有一头乌黑亮丽的秀发，大方庄重地出现在众人面前时，会给人一种潇洒、飘逸、健康、朝气与秀美的享受。

最近，12 岁的小兰头发枯黄，没有光泽。妈妈很着急，急忙带她去医院检查，医生经过仔细检查，对头发进行了化验，告诉小兰身体内缺维生素，要科学饮食，不能偏食。

原来，小兰就爱吃油炸食品，不爱吃蔬菜和水果，每天闹着吃炸鸡腿，不好好吃主食。

听了医生的话，小兰很着急，决定不吃炸鸡腿了，合理进食，保证营养均衡。半年后，头发又黑又亮了。

（1）坚决不烫发和染发。女同学们处于学习阶段，一定要遵守学校规定，不能随意烫发、染发，防止头发干枯、毛糙，失去光泽。

（2）防潮湿。洗完头发后，及时擦干，不要湿着头发睡觉。湿着头发睡觉，不仅对头发不好，而且容易引起头痛。

（3）温度适中。使用吹风机吹头发时，温度要适中，温度过高，头发会干燥、枯黄，没有光泽，甚至会损伤头发的根部。

（4）头发每周清洗两次即可，频率太高容易破坏发质。如果每天运动出汗，可以随时清洗头发。洗发液要少用，质量要有保证。

（5）多吃营养丰富的食物。如多吃鸡蛋、牛奶、瘦肉、豆类、鱼虾贝类、黑芝麻等，每天保证足够量的新鲜蔬菜、水果，以提供发质所必需的微量元素。维生素 B_6 及维生素 E 有预防白发和促进头发生长的作用，如麦片、花生、豆类、香蕉、酵母、蜂蜜及动物肝脏等。

（6）保证睡眠。其实头发与睡眠也有关系，睡眠不好，头发往往也不好，要保证足够的睡眠，不熬夜，睡眠充足了，五脏平衡了，正气充盈了，头发自然就好了。

紧急提示

头发的生长速度是每个月1~2厘米，1年10~20厘米，生长周期为3~6年，之后就会脱落，然后过半年左右又会长出新的头发。成千上万根头发包裹着头颅，自然形成头部的第一防线。浓密、健康、清洁的头发，能使头部免受外界机械性和细菌的损害，对健康起着重要作用。

2. 眉毛

哪个女生不希望自己有漂亮的眉毛呢？眉毛是保护眼睛的屏障，能防止雨水和汗水的侵蚀。眉毛在眼睛上边形成一道屏障，刮风时，它可以阻挡灰尘；下小雨时，它挡住雨水，不让水流进眼睛里。夏天，额头上出很多汗，但是汗珠不会流进眼里，这也是眉毛的功劳。

14岁的小彤一直以来总是嫌自己的眉毛长得不好看，她喜欢弯弯的柳叶眉。她看到妈妈每天都修眉毛，于是她也模仿妈妈的样子，使用一只小镊子，按照喜欢的眉形，开始忍痛拔眉毛。真疼啊，不过最后真的拔出了小彤喜欢的样子。此后，小彤经常趁妈妈不在家拔眉毛。时间久了，她的眉头红肿，头疼，视力好像也不太好。妈妈带她到医院检查，医生说这些症状都是拔眉毛引起的。

（1）不必大惊小怪。每天观察眉毛脱落的具体现象，如果只是少数的脱落，且间隔时间比较长，或是有规律的脱落，大可不必紧张，这种脱落现象是在人体自身的正常的新陈代谢范畴之内。

（2）观眉毛，知健康。一般说来，眉毛浓，说明人体健康；眉毛稀疏，说明体弱，或有疾病。如眉毛直而且上翘生长，多为膀胱疾病的征兆；眉毛末梢直且干燥，则可能是月经失调；如眉毛横向脱落，可能是甲状腺疾病的征兆。当你发现自己的眉毛非正常地脱落时，要请医生帮忙检查，确定是否是病症引起的毛发脱落，不可掉以轻心。

（3）查找脱落原因。在眉毛脱落的这段时期内，想一想自身是否接触过什么化学药剂，是否涂抹过什么最新的化妆品等，这些外来因素也会使眉毛出现不适的反应，从而引起眉毛脱落。

（4）保护眉毛。不能用镊子拔去眉毛，也不能使用蜜蜡脱毛，因为眉毛与健康息息相关，不要再为了漂亮而拔眉、文眉，否则可能导致毛囊炎、蜂窝组织炎，甚至刺激眉毛周围的神经血管，引起视力模糊、头痛症。

像头发一样，眉毛和睫毛的生长周期也分三个阶段：生长期、退化期、脱落期。睫毛和眉毛的平均生长期大概在一到两个月，这个周期越长，相应地，眉毛和睫毛也就会越长。

3. 眼睛

俗话说："眼睛是心灵的窗户。"为什么这样说呢？因为眼睛是我们直接认识和感知世界的第一重要器官。冰的晶莹、雪的洁白、花的斑斓……五彩世界尽收眼底。如果闭上眼睛的话，眼前必定漆黑一片，你会有何感受呢？

眼睛还能真实地表达同学们的情绪和情感。是否记得"犯错误"时，老师或爸妈经常说的一句话："别乱看，看着我的眼睛。"眼睛能毫无保留地反映出同学们的内心世界，所以我们称之为"心灵的窗户"。

芳芳是爱漂亮的初中二年级女孩，一天，她在表姐家看到表姐的大眼睛忽闪着，很漂亮。好像眼睛的颜色还是蓝色的，像极了外国人。她问表姐的眼睛怎么还会变色呢？她也想拥有这样一双美丽的蓝眼睛。

表姐悄悄告诉芳芳，她在网上购买了美瞳眼镜。这个美瞳有近视镜，也有不带度数的眼镜，戴上后，让人有一种瞳孔放大的感觉，所以就显得眼睛又大又漂亮了。芳芳听后，很羡慕，因为她不喜欢自己的近视镜。她请表姐帮她买了一副，戴上后，总舍不得摘下来。

几天后，她觉得眼睛有点痒而且非常不舒服，上课时看板书也有些模糊。妈妈带她去医院，医生经过了解告诉芳芳，隐形眼镜需要正确佩戴，定期摘下来更换镜片。长期戴隐形眼镜容易磨

「远离烟花爆竹」

伤眼睛，严重的还会导致视力下降。听了医生的话，她害怕了，又换回了原来的眼镜。

（1）克服不良习惯。无意识地皱眉、眯眼会使眼部周围皮肤紧张，变得松弛老化，长期熬夜、上网、无规律的睡眠都会影响眼睛健康。

（2）选择保护视力的灯光。瓦数要适中，光线要充足、舒适、柔和、自然，太弱或者太强都会刺激眼睛，容易引发眼部疲劳。

（3）坐姿要正确。女生要站有站相、坐有坐相，不可弯腰驼背，或趴着做功课、看书、看电视等，这样容易造成眼睫状肌紧张过度，进而形成近视。

（4）看书距离要适中。这一点很重要，书与眼睛之间的距离以 30 公分为宜，桌椅高度要与体格匹配，不要勉强。

（5）做眼保健操。阅读或是上网、看电视时间不宜过长，每 30 分钟休息一次。上网、看手机或看电视时，可以佩戴保护视力的蓝光眼镜或使用贴有蓝光贴膜的手机。如果可以的话，应把电脑或手机的背景调为绿色调，保持眼睛的舒适度。多去户外运动，经常眺望远方和绿色，放松眼肌，随时随地做眼保健操，有益于眼睛健康。

（6）营养摄取要均衡。不挑食，多吃有益于眼睛健康的蔬菜和水果（猕猴桃、柠檬、卷心菜、胡萝卜等），枸杞、菊花等可以泡茶喝，有清心明目的效果。

（7）眼睛需要保湿，更需要休息。眼泪在某种程度上可以缓解眼干的症状，从心理学角度来说，哭泣可以排解压力，释放部分情绪，避免压抑。戴眼镜或隐形眼镜的要适时取摘，摘下眼镜后，可以把两手掌心搓热，轻轻捂住眼部或是用温水把毛巾浸湿搭放在眼睛处，给眼睛放松休息的机会。

(8) 定期检查视力。当视力不正常或是眼镜配戴得不舒服时，需要做进一步检查，早发现早治疗。

(9) 预防疾病。暑期为“红眼病”的高发时段，天气炎热，如果去游泳，要到正规专业的游泳池游泳，上岸后用清水冲洗眼睛，避免使用公共浴巾、毛巾，勤洗手，注意用眼卫生。“红眼病”为传染性眼病，要在特殊时段加强防卫。

排除遗传因素外，最初的视力保护很重要。因为很多女生是假性近视，通过有效预防，科学用眼，视力是可以恢复正常的。

4. 耳朵

耳朵是人们接收声波、维持身体平衡与识别位置的器官。无声的世界里虽然安静，可人们却无法聆听美妙的音乐，无法倾听朋友的知心话，无法和外界交流沟通，甚至无法保持自己的平衡、正确判断自己的方位……

离中考的日子越来越近，小珍却病了。经常耳痛、耳鸣，还有液体从耳朵里流出，上课听不清楚老师的讲解，以至于落下了部分功课。老师建议家长带她去医院检查，确诊为急性中耳炎。医生经过询问得知，近一个月以来，小珍为了追赶英语进度，经常戴着耳机听英语单词。开始几天，她觉得耳朵有些疼，没有在意。可是最近两天，她觉得耳朵听不清老师讲课，于是掏耳朵，在学校用手掏，回家用掏耳勺、牙签掏。由于掏耳太频繁，外力每天不断刺激，造成了耳道壁损伤。加之面临中考，心理压力太大，每当听不清楚时就用力掏耳朵。

医生嘱咐她不能再掏耳朵了，认真用药，配合治疗。经过一周的治疗，小珍恢复了健康，又能以积极的心态和同学们一起备战中考了。

安全处方

（1）音量要适当。尽量不用或少用随身听，选择质量佳、杂音小、音量可调控的耳机，务必控制好音乐音量，以感觉舒适悦耳为宜。戴耳机的时间不应过长。

（2）不挖耳朵。俗话说："耳朵不挖不聋。"这话确实有一定的道理。其实，耳朵完全不用掏，因为它本身有一种自洁的功能，分泌物会自然脱落到耳外，建议不要经常掏耳朵。

（3）预防爆炸性伤害与噪声性耳聋。重大节日或重大活动时，应远离或避免燃放大型烟花爆竹，在噪声强的环境中，要及时佩戴耳罩或捂住耳朵进行紧急保护。

（4）掌握正确擤鼻涕方法。鼻涕如果流到耳朵里，也容易引起耳朵的疾病。擤鼻涕时，可用手指按住一侧鼻孔，分次运气，压力不宜过大，一侧擤完，再擤另一侧。捏紧双鼻，用力猛擤是不正确的，这样有可能把鼻涕擤到中耳里去。

（5）科学饮食。平时多吃一些富含β－胡萝卜素、维生素A、维生素D、锌、镁、钙的食品，如胡萝卜、菠萝、花生、大豆、南瓜、牛奶、鸡蛋等。

（6）对听力有害的药物尽量避免使用。常见的有损听力的药物是链霉素、庆大霉素、新霉素等。使用药物时，一定要遵照医嘱，不能擅自使用，严禁长期使用，以免造成听力减退甚至耳聋。

（7）科学取出耳道里的异物。春夏季小虫多，当虫子进入耳朵后，不要用挖耳勺或棉棒去挖耳朵，以免催促小虫子使劲钻进耳道深处。正确的方法是：将耳朵朝向有光亮的地方，或用手电筒往耳朵里照，小虫就朝着亮光飞出了。也可以往进入虫子的耳朵内滴入食用油或甘油，然后头向下侧成90度，使外耳道垂直向下，等小虫随油流出后再擦干耳朵。如果以上方法都无效，请立即就医。

掏耳朵掏出血，一般是毛细血管出血，不要惊慌。如果感到疼痛，有可能是掏到鼓膜造成鼓膜穿孔，这时一定要防止耳朵进水，尽快到医院就诊。

5. 鼻子

女生都希望自己的鼻子漂亮，你了解鼻子吗？知道怎么保护鼻子吗？鼻子是人体五官中唯一立体突出的器官，但似乎同学们对鼻子的“关照”和重视程度远远没有对眼睛那么用心。

11 岁的巧巧夜间去卫生间，起床后，没有开灯，摸黑走进卫生间，一不小心，鼻子撞在了门角上，鲜血直流，吓得哭了起来。

妈妈赶紧起床，打开灯，发现卫生间门口的巧巧满脸是血，立刻安慰巧巧，指导她控制情绪，不要慌张，用冷水洗额头，很快鼻子就止住了血。

（1）避免意外伤害。根据统计，各种外伤是引起鼻子流血最多的原因，头面部的意外伤害（被球砸中、玩耍磕碰、肢体碰撞等）和不良的挖鼻孔习惯也会导致鼻腔内的血管损伤出血。所以，女生们在平时活动时，要处处小心，保护好鼻子的安全。夜间活动，要使用照明灯，不要摸黑行走。

（2）加强身体锻炼，增强免疫力。病毒性感冒具有传染性，很容易导致鼻炎的发生。一旦由感冒转为鼻炎后，鼻子就会经常出血，很难根治。平时多锻炼身体，感冒后及时治疗是有效防治鼻炎的捷径。

（3）进食科学，营养均衡。大补的食物麻油鸡、人参鸡汤、炸蚕蛹、麻雀、羊肉等，都含有特殊的营养物质，会使全身血管扩张，如果鼻子血管正好破裂或搓揉鼻子，就可能会引发出血。

(4) 防止吸入异物。平时玩耍时，不能随意往鼻孔里吸东西，以免堵塞呼吸道，产生严重后果。

(5) 拒绝烟酒。女生们正在长身体阶段，吸烟对人体危害大，对呼吸道的伤害更大，务必要远离香烟。女生饮酒对身体的危害更大，更容易导致鼻子出血。

鼻子是呼吸道的最前沿，呼吸系统的第一道防线就是鼻子，所以保护好自己的鼻子非常重要。

6. 牙齿

常听长辈们念叨："牙疼不是病，疼起来真要命。""牙齿好，胃口好，吃饭香，身体棒。"

可见，牙齿的健康，对于身体健康是多么重要啊。女生如果有一口洁白整齐的好牙齿，一定会给自己添彩。

"五一"小长假，琳琳没有外出，在家看电视。妈妈买来了许多坚果，她平时爱吃零食，这下可有时间吃了。

她喜欢吃榛子，有一个榛子没有缝隙，

就放在嘴里用牙咬。“咯嘣”一声，满嘴是血，牙齿松动了，疼痛难以忍受，爸妈立刻开车送她去医院。经过检查，医生说牙齿损伤严重，几乎要脱落了，可能无法再生了，影响了美观与健康。为此，琳琳难过了好几天。

（1）保持良好的口腔卫生，纠正不良习惯。平时最好不要单侧咀嚼，更不能有咬铅笔、咬手指等不良习惯。

（2）温水刷牙。刷牙前，最好用35℃左右的温水浸泡挤上牙膏的刷头 1 ~ 3 分钟，这样可以使刷毛变得柔软，减少刷毛对牙齿的磨损。

（3）牙膏每月更换一款品牌、种类。牙膏使用的时间越久，细菌越多。最好自己的牙膏自己单用，避免细菌交叉感染。

（4）牙刷每三个月更换一支。当牙刷刷毛开始向外卷曲时，就应该更换牙刷了。即便不卷曲，三个月也要更换了。

（5）饭后刷牙。为了防止细菌滋生，饭后应立刻刷牙，每次刷牙时间不少于 3 分钟，避免细菌在牙齿表面沉积。

（6）喝饮料最好用吸管。口腔细菌与可发酵碳水化合物接触的时间越短，细菌产生的可能性就越小。喝起来不太甜的苏打水和运动饮料对牙釉的损害程度大大超过可乐。用吸管时，饮料就不会流经牙齿，就不会滞留在牙齿的缝隙中滋生细菌了。

（7）远离软食品。平时尽量少吃含糖量高、酸型、碳酸型的食物，食用后，最好用温盐水或淡茶水漱口。

（8）避免咬硬物。牙齿的硬度是有限的，吃东西时，食物不应太坚硬。绝对不能用牙齿“开启”汽水瓶盖，不能咬核桃壳、杏核、榛子等坚果。

(9) 及时看医生。发现牙龈出血了，自己观察牙齿与口腔情况，如果是因为刷牙用力、刷头过硬、牙龈炎等原因造成出血，不必害怕。适当调整，或是在医生的指导下吃些消炎药，很快就能解决出血问题。如果经常出血，就不能忽视了，必须及早看医生。此外，如有牙齿畸形、牙齿拥挤，应及时去医院矫治。

女生“青春期”体内分泌水平提高，容易造成口腔营养失衡，是牙周病的高发期，需要特别注意。

7. 舌头

舌头是人们的重要器官，帮助人们品尝、咀嚼、吞咽食物，也是帮助发声的器官之一。舌表面的大部分是味蕾，帮我们辨别酸甜苦辣咸。人类全身上下最强韧有力的肌肉就是舌头。

美美7岁了，喜欢边看电视边吃饭。今天姥姥做的带鱼，她边看电视边吃。忽然，美美感到舌头疼了起来，照镜子看了一下，发现舌头上扎了一根鱼刺，舌头已经流血了。姥姥赶来，帮助她取出鱼刺，嘱咐她吃饭专心，不能边看电视边吃饭。

（1）均衡营养，改变偏食的不良习惯。女生的身体发育快，各个部位都在快速生长，对营养的需求量很大。喜欢吃肉的女生很多，但要学会科学进食。必须少吃腌制、烧烤、油炸类的肉制品，吃肉时，应该按照比例搭配新鲜的蔬菜，饭后可以喝杯淡茶或吃些水果等。有资料证实，营养失衡容易导致舌溃疡。

（2）避免食用刺激性及过冷或过热的食物。经常吃过冷或过热的食物和刺激性强的食物，不仅会破坏舌表面的味蕾，影响味觉神经，减低灵敏度；还会损害舌头表面的黏膜与细胞，容易发生溃疡或烫伤。

（3）细嚼慢咽，多转动舌头。吃饭时，细嚼慢咽，不说笑，不看电视，集中精力，以免咬了舌头，或被鱼刺扎了舌头。人的舌头各个部位都与内脏各部位相对应，多转动舌头可以增强内脏功能，有益于消化系统。转动舌头不受环境场地时间的影响，随时随地伸缩舌头 10 次；有规律地让舌头上下左右转圈，方法是：闭嘴，舌头在口腔内上下、左右转动 60 次，等等。

（4）不做危险游戏。舌头非常娇嫩，不能伸舌头舔结冰的铁丝、冰挂等，以免发生瞬间粘扯。不能随意伸舌头与小动物接吻，以免被小动物咬伤。不能用舌头接空中坠落的小物件。不能随意伸舌头舔不明物体。不能对吃饭、喝水的同学搞突然“袭击”，以免同学受到惊吓，咬伤了舌头。

（5）及时看医生。发现舌头上的舌苔增厚、长小疙瘩时，不能自己随意刮、扎，要及时告诉家长或去医院看医生，正确治疗。

舌的疾病大多是小毛病，不必紧张，但有些毛病持续时间超过10天时，就应该去医院检查，切不可麻痹大意。

8. 喉咙

女生们知道吗？喉咙是人们进食、呼吸、发声的重要器官，它的作用重大，是生命存在的特殊“通道”，需要精心保护，不能麻痹大意。

13岁的小薇特别喜欢唱歌，她的发音很到位，大家都喜欢听她唱歌。最奇特的是小薇的模仿秀很逼真，她喜欢模仿高音歌曲。

一次同学过生日，几个要好的同学建议小薇现场演唱一曲，小薇欣然接受同学们的邀请。不过她的歌没有赢得大家的掌声，因为其中一个同学说她唱的高音部分声线有点粗，不如原唱唱得到位。性格要强的小薇哪里受得了，回到家里，一遍一遍地模仿唱。第二天，小薇的嗓子哑得说不出话来了。

妈妈带她到医院，医生说小薇是因为用嗓过度，声带损伤，造成了声音沙哑。建议她多休息、饮水。青春期正是身体各部位发育的阶段，也包括嗓子。所以，女生要根据自身条件，适度用嗓。否则很容易伤了声带，造成终身的遗憾。

（1）养成喝温开水的习惯。平时咽喉的使用频率很高，呼吸需要、吃饭需要、说话需要等，所以，需要休息与养护，经常保持湿润是一种有效的保护方法。无论在家，还是在学校，都应该经常喝温开水，有利于保护嗓子。不能喝太热的水，以免烫伤喉咙周围的黏膜，引发炎症。

（2）用嗓不能过度。每个人的发声都有自己的特点（嗓音的高低、粗细等），正确认识并接纳自己的声音特质，避免超过本人能力范围的用嗓。不要随意模仿歌手的嗓音，特别是不能随意模仿高音与颤音。一般情况下，歌手们都是通过专业的培训和练习调整喉结与声带的发音机能，才练出了既准确又美好的音色。女同学们不要盲目模仿，以免损坏了发音机能。

（3）改变生活中的不良习惯。良好的生活习惯是保证喉咙健康的关键，日常生活中，应远离烟、酒，少吃辛辣食物，细嚼慢咽，不能狼吞虎咽，不能吞咽坚硬的食物。

（4）预防感冒，感冒时注意休息。平时加强锻炼，预防感冒。因为一旦感冒了，就会出现嗓子红肿、沙哑、咳嗽等症状，应多喝水，吃清淡食物，按照医嘱吃药，尽早康复。

（5）控制情绪。平时保持平稳状态，遇到任何事情，都不要大喊大叫，更不能嚎叫。特别是即将和已经进入青春期的女生们，更要学会控制情绪，保护好自己的喉咙。

女生没有喉结，声调较高是第二性发育特征之一。所以，女生在对待自己的嗓音大小、音调粗细的问题上要有正确的认识。

9. 手

女生对手并不陌生吧，手是人体重要的部位，劳动需要手、吃饭需要手、学习需要手，一切都离不开手。所以，女生一定要保护好手，因为一双漂亮的手，能给女生增添光彩。

小苗上初二了，喜欢吃水果。星期日，父母外出，她自己在家上网玩。想吃苹果了，拿出苹果和水果刀，削皮时，精力不集中，看着电脑上的游戏，把手割破了，她没有在意，随意找了不干净的手绢包了一下。第二天，她的手指伤口处开始化脓，肿胀得厉害，无法弯曲了，妈妈带她到医院治疗，医生说伤口感染了，主要原因是用脏手绢包扎了。

（1）注意手的卫生。手接触的东西多，容易被细菌、病毒污染，容易沾染污渍，所以，要养成勤洗手的好习惯。勤洗手能有效防止病从口入，也能保持手的干净与清洁。洗手时，最好用流动的水清洗，使用肥皂或洗手液，最好用毛巾擦干。一旦手受伤，要认真消毒，不能用脏东西包扎。

（2）管好双手，处处小心。手的用处多，一定要管住双手，不能乱摸、乱拿、乱动，更不能逞能干冒险的事。使用刀具时，集中精力，专心一点，不能分心，以免伤了手。倒热水时，要注意保持距离，不能被烫伤。用火时，注意安全，不能被烫伤。使用锤子钉东西时，不能砸了手指头。

（3）防冻伤。冬天天气寒冷，外出时，戴好手套，注意双手的保暖。如果感觉手冰凉，是因为温度低，血液循环不良导致的，可以用温水泡手，有利于促进血液循环。

（4）手部异常常与疾病有关，要及时查明原因，不容忽视。如果感觉双手异常，特别是清晨醒来，两手发胀、屈伸不利，这个现象预示着你的心、肾、肝、血管、神经系统可能有疾患了，及早去医院治疗。如果感觉双手经常麻木，可能患有高血压。如果感觉经常双手发颤，有可能得了甲状腺功能亢进。另外，服药过量时，也可能会出现手颤现象。

（5）经常按摩。中医认为：手部经络穴位丰富，刺激手的某些穴位，可以调整相应组织器官的功能，起到防病治病、强身健体的作用。手上很多穴位都有止痛效果，合谷穴就是其中一个，它具有镇静止痛、通筋活络的效果，使用按揉的手法按压合谷穴对缓解牙痛有很好的效果。

（6）护手小窍门。喝完的酸奶盒中一般会残存一部分酸奶，将这些酸奶涂在手上，20 分钟后，用温水洗净，对手的皮肤很有保护作用，经济实惠。

女生要保养好自己的手，不能只是使用，不去维护，劳动时、使用刀具时，应特别当心。

10. 脚

人的每只脚上有26块骨头，33个关节，20条大小不同的肌肉和114条韧带，无数灵敏的神经和丰富的血管。人们的足底存在着所有体内内脏器官的反射区，所以脚被称为人的“第二心脏”。

每个女生都希望自己的脚漂亮、秀美、白净，这就更需要把脚保护好，避免受到伤害。

三年级的学生小珠两天没有到校上课了，“罪魁祸首”竟是烂脚丫子。原来，她喜欢穿旅游鞋。前几天过生日，爸爸给她买了一双漂亮的旅游鞋，稍微小了点，脚丫子有点委屈。由于特别喜欢这双旅游鞋，周末小珠穿着这双旅游鞋与同学去小区公园跳绳，晚上回家后，脚丫子疼，而且脚丫子缝隙都烂了，疼得无法走路。

到了医院，医生处理完她溃烂的脚丫子，嘱咐她换鞋，不能再穿挤脚的鞋了。小珠“忍痛割爱”，换了一双合适的鞋。

（1）多走动。步行是最好的锻炼方式，有助于放松肌肉，促进血液循环，将营养物质源源不断地输送到身体各个部位。平时，女生大多住的是楼房，上下楼电梯较为普遍，女生可以有意识地不坐电梯，坚持爬楼梯，既不耽误时间，又能锻炼身体，还能保持双脚的灵活性与健康发育。

（2）注意保暖。季节交替更换时，要做好脚的保暖工作，保持双脚的适当温度，能预防一些疾病发生。常言“只要脚暖和，浑身都不冷”就是这个道理。根据季节，认真选择吸湿性好、透气性好的棉、毛袜子。

（3）勤洗脚。平时女生运动多，脚最卖力气，也最容易出汗，应当保持脚部清洁，天天洗脚，洗脚后及时擦干，一是避免臭脚；二是预防脚癣发生；三是缓解疲劳，改善睡眠。

（4）注意脚部卫生。外出时，如果住宿、洗澡，不要用公共浴室的毛巾、拖鞋、脸盆等，防止传染病。平时在家也要与父母的洗脚巾、拖鞋、洗脚盆分开，避免交叉感染。在学校时，不与同学互相换着穿鞋袜，不使用同学的洗脚盆。

（5）选择合适的鞋子，不穿高跟鞋。穿上鞋后，以脚趾能活动，脚尖前段有空隙为佳。鞋带的松紧也要适度。鞋子的大小直接影响脚的舒适度。过大或过小的鞋，运动走路都不方便，长时间穿着不合适的鞋，会影响脚的发育，造成骨骼变形。为了脚的健康发育，应该根据不同用途选择鞋子。例如，参加体育比赛，一般选择专业性强的跑鞋、运动鞋等；出门旅游，一般选择旅游鞋、布鞋等；登山，最好选择登山鞋或旅游鞋，绝对不能穿凉鞋、拖鞋、高跟鞋。

(6) 防止意外伤害。走路要小心，集中精力观察，注意脚下情况，防止被碎石头、铁钉子扎伤。游戏及运动时，要保护双脚，不能乱蹦、乱跳，以免扭伤。

发生脚踝扭伤时，不能立刻站起来，受伤的脚不能用力，用单脚或匍匐姿势到安全地带查看。最好是冷敷或外用跌打损伤药处理伤情以减少疼痛感，之后及时告诉家长或就医。

11. 指甲

女生一般都喜欢自己的指甲漂亮，但是女生知道指甲是人体健康的晴雨表吗？正常指甲红润、坚韧，呈弧形，平滑有光泽，指甲根部的甲半月呈灰白色。如果指甲的形状和颜色发生变异，表明人体可能患了某种疾病。

11 岁的琼琼右手拇指有几处倒刺，她觉得不舒服，于是就开始用手拔刺，由于用力过猛，指甲缝隙处流血了。由于出血不多，所以她没有在意。回家还帮妈妈洗菜。

几天后，指甲缝的地方红肿疼痛，用力一挤还有脓血流出。琼琼害怕了，告诉妈妈。她们来到医院，医生给琼琼的指甲做了处理，建议输液治疗。原来，琼琼得了甲沟炎，如不及时处置可发展成脓性指头炎，甚至引起指骨骨髓炎，也可变为慢性甲沟炎。

琼琼怎么也想不到，小小的倒刺竟然差点演变成大病。看来手指上的倒刺不能随便乱拔。

安全处方

（1）认真、定期修剪指甲，防止指甲内积存污垢，影响美观。女生最好不留指甲，应将指甲边缘摩擦修饰光滑，并修剪成椭圆形，过尖的指甲形状会削弱指甲的韧力，容易折断。

（2）少做仿真指甲。由于仿真指甲整个制作过程较为复杂，若制作中器械消毒不彻底，可能引起指甲感染。长期粘贴仿真指甲会影响自然指甲正常的水气交换及生长，使指甲变薄，强度减弱。

（3）保护指甲。对于受伤或破裂的指甲，可用市面上售卖的指甲修护霜涂抹，隔天一次。指甲修护霜以含有果酸或磷脂质成分者为佳。使用时，最好征得家长同意。尽量减少直接以指甲接触东西，或将指甲当作工具来使用，减少伤及指甲的机会。经常保持手部干燥，在干燥的情况下，指甲缝隙内病菌不易生长，感染的机会就会减少。少接触各种刺激物，如肥皂、有机溶剂等。如果必须要接触刺激物，尽可能戴保护性的手套。

（4）注意饮食。膳食均衡，多补充含有维生素A、维生素B、维生素D的食物，改变偏食的坏习惯。

除掉指甲下松动悬着的皮肤时，最好用新鲜的柠檬汁、凡士林或维生素 E 油涂敷该部位。灰指甲具有传染性，平时做好防范工作，避免交叉感染。

12. 关节

女生对关节并不陌生，人们通常把骨与骨之间连接的地方称为关节。能活动的叫活动关节，不能活动的叫不动关节。人体的关节多种多样，基本结构有关节面、关节囊和关节腔。关节容易受伤，需要特别注意保护。

14 岁的丹丹在暑假迷上了街舞，妈妈看她这么着迷街舞，就给她报了街舞培训班，有了专业老师的指导，丹丹跳街舞的水平大有长进。每次训练回来后，丹丹还要在自己的屋子里练上好长一段时间，每次上课，她都是班里的舞蹈典范，老师经常让丹丹给大家做示范。有了老师的肯定和同学们的羡慕，丹丹跳得更带劲儿了。

暑假即将结束时，丹丹的膝盖有些肿，疼得走不了路，妈妈赶紧带她到医院检查。医生说是因为过度运动，导致关节损伤。

关节损伤了，丹丹只能暂时放弃喜爱的舞蹈，在家静静地休养，后悔自己不会科学运动。

安全处方

（1）注意走路姿势。长时间保持同一种姿势会对关节造成用力过大的负担，或形成“一边倾”的习惯。经常变换走路姿势，下课多走动，注意矫正不好的走路姿势。

（2）选择适合自己的自行车。很多女生喜欢骑自行车，骑自行车时，要调整好车座的高低，保证能伸直小腿，否则会对膝关节造成不良影响。骑自行车的时间不宜过长，30 分钟为宜，超过 30 分钟，要适当休息。

（3）合理锻炼，避免伤害关节。本着“休息关节，锻炼肌肉”的原则，适时、适度地进行体育锻炼，掌握好锻炼的强度，量力而练。剧烈运动前，应提前做好热身运动，避免关节的扭伤。不能逞能蹦跳，防止关节用力过猛，出现扭伤。

（4）注意保暖，养成良好的生活习惯。关节最怕受潮和受凉，阴雨、潮湿、寒冷的季节，注意衣服的增减变化，避免寒湿侵袭。夜间睡觉，盖好被子。如果关节反复疼痛，或遇阴天下雨就疼痛，应及早到医院检查。

（5）保持正常体重。肥胖会加重关节的负担，加速关节的磨损和老化。要注意饮食，科学运动，保持正常的体重。

关节是保证人们运动的最重要部位，要精心保护，重点注意三点：一是平时要加强营养，保证关节生长需要的营养物质；二是科学使用，防止过度疲劳；三是注意外伤，处处小心谨慎。

13. 脊椎

女生知道吗？脊椎不仅是“一串”骨头，还包括周围的肌肉、韧带、椎间盘、脊髓。打个比方，人们的脊椎骨好比是钢筋，脊椎骨周围的肌肉、韧带、神经、筋膜等就是混凝土了，它们的组合是身体这座大厦的顶梁柱，需要精心呵护，不能有一点儿差错。

13 岁的小红喜欢养花，下午放学时，发现家里客厅有大盆蝴蝶兰，特别喜欢。走过去一看，上面有字，是爸爸送给她的生日礼物。

她很高兴，急忙弯腰往自己的卧室搬，“嘎吱”一声，腰扭了一下，无法站立了，被妈妈送往医院，医生说因为“寸劲”，脊柱扭伤了，需要静养数日。

（1）不做危险动作、不逞能、不乱开玩笑。女生一定要注意，平时不能逞能做危险动作，更不能模仿电视、电影、游戏里的高难、危险动作。如果颈椎有问题，慎做倒立动作。看见有同学站在椅子、桌子、窗台上时，不能惊扰同学。

（2）科学用枕。根据自己的身体高度，肩膀宽度，让家长选择一个适合自己的枕头。具体要求是：枕头的高低选择要适中，以头平放在枕头上面，肩正好轻压床垫为好。枕头的内芯要有一定的承受力与弹性，不能过软，也不能过硬。

（3）坐姿很重要。平时上课、写作业时，保持正确坐姿，避免弓腰、含胸、前后倾斜。桌椅的高度要适当。坐公交、地铁时，不要睡觉，要保持上身端正，不能斜靠着。看电视时，保持正确坐姿，不能躺着，或半躺卧着。

（4）多锻炼，运动量适中。学校有条件，可以在体育老师的指导下，参加单双杠的练习，可以练习瑜伽，游泳也是不错的选择。每天坚持做广播体操，保证脊椎休息与血液循环。

（5）合理饮食，加强营养。长身体的时候，多吃营养丰富的食物，促进脊椎发育。平时，适当进行日照，增加钙的摄取和吸收。

（6）避免用猛力。起身时，缓慢一点，不能猛起；搬重物时，缓慢用力，不能逞能使劲；提拿重物时，要双手均摊，不能单手提拿；坐公共汽车时，集中精力站稳、坐稳，防止急刹车时身体失控；背包时，最好选择双肩包。如果喜欢单肩背包，要经常两边换着背。

脊椎的主要连接部位——椎间盘中的神经分布很少，所以人们对脊椎位移的感觉比较迟钝，要引起重视，认真保护脊椎，防止发生意外伤害。

14. 肛门

生活中说到肛门，女生们往往羞于启齿，然而，肛门却是人体机能的一个非常重要的组成部分。

中医学里把肛门又称“魄门”，魄与粕同音，传送糟粕。肛门有三个作用：排遗，释放出人体中的废气；排移，排泄出人体中的废物；门控，阻止肠内容物不自主溢出体外，同时阻止外界气体、液体等异物进入肠腔。

这几天，14 岁的小娜有些坐卧不安，十分痛苦。妈妈出差还没有回来，前几天来了月经，身体不舒服，也无法对爸爸说。更让小娜无法对爸爸说出口的是她的肛门奇痒无比。平时在家，自己还可以想想办法止痒，可是在学校里，当着老师和同学的面，她只有忍着奇痒，实在太难受了。

她盼着妈妈早点回来，晚上妈妈回来了，知道她的情况后，立刻买来专用清洗液，让小娜每天清洗一次。并建议小娜经期每天清洗肛门，因为会有经血流到肛门处滋生细菌引起瘙痒。还是妈妈的方法灵验，过了两天，小娜的肛门就不痒了。

（1）养成每天排一次大便的习惯。最好在早餐前20分钟左右，排便时要集中注意力，不要读书、看报、玩手机，不要与同学或家人说话。每次排便时间控制在5～10分钟。

（2）保持肛门的清洁。便后擦拭干净肛门，避免粪便残留。每天晚上用温水清洗一次肛门，不要使用强碱性肥皂。

（3）科学饮食。平时，多吃含纤维素的食物（新鲜蔬菜、水果、粗粮等），不吃或少吃辛辣刺激性食品。每天早晨养成空腹喝温开水或淡盐水的习惯，有利于促进肠道蠕动，可起到润滑作用，缓解便秘。

（4）加强身体锻炼。运动能促进新陈代谢，加速血液循环，预防痔疮发生。学习紧张，作业多，应科学利用时间，避免久坐、久蹲、久站，经常变换身体姿势。

（5）自我保健。平时，可以有意识地收缩肛门，促进肛门周围的血液循环，保持肛门周围肌肉的弹性。收缩肛运动是自我保健的好方法，需要长期坚持，不能“三天打鱼，两天晒网”。女生月经期间，每天都要清洗肛门。

民间有“十人九痔”的说法，可见肛门处易患的疾病是痔疮。只要平时多注意肛门的清洁卫生，每天进行肛门的自我保健，一般不会发生问题。

15. 皮肤

皮肤也是人们身体的器官之一，主要承担保护身体、排汗、感觉冷热和压力的功能。它覆盖全身，使体内各种组织和器官免受物理性、机械性、化学性、病原微生物的侵袭，是人体的第一道防线，需要倍加珍惜。

11 岁的小艺年龄不大，受皮炎之苦却有五年了。五年前的夏天，小艺的右小腿有个红色的小疙瘩，当时感觉是被蚊子叮了，有些痒，没有在意。等到冬天的时候，被叮咬的地方开始发硬，掉皮屑，每天都痒，而且面积越来越大。医院确诊为湿疹性皮炎。之后的几年里，小艺跑遍了市里大小医院，外用的、内服的各类中西药全用了，虽然有所缓解，但是依然不能根治。影响了正常的学习，不敢穿裙子，无法与同学们玩耍，这让小艺非常苦恼。

（1）科学饮食。荤素搭配，多吃新鲜蔬菜、水果，多喝白开水，少吃辛辣食物，如果过量食用辛辣食物，可能会导致脾胃功能紊乱，使体内产生毒素，脸上容易长出小疱，皮肤容易过敏起疙瘩。

（2）清洁皮肤要彻底。女生经常在室外活动，室外的空气中粉尘多、各种有害物质多，运动时脸上出汗多、油脂多，空气中的有害物质与脸上油脂、汗液混合后，清洗不及时、不彻底，容易堵塞毛孔，引起皮肤发炎。同时，这也是脸上色素、色斑形成的原因之一。

（3）保持良好的心态，不熬夜。其实，皮肤也会说话，有时受到过度惊吓时，会出一身冷汗，或起鸡皮疙瘩。有时熬夜了，皮肤就会黯淡无光，这就是情绪、睡眠与精神对皮肤最直接的影响。所以，女生要学会调控自己的情绪，不熬夜，保证足够的睡眠，学习之余，抓紧时间小憩一会儿，深呼吸，学会放松。

（4）远离空调。长期吹空调会让皮肤缺水，导致老化、干裂。平时，女生应远离空调，不能直接吹冷风，保持室内合适的温度与湿度。

（5）做好电磁防护措施。长期在电脑、电视、手机等家用电器环境下，皮肤将可能发生生理变化。因此，应自觉远离电脑、电视、手机，尽量给电脑加上防护罩。

（6）避免蚊虫叮咬。蚊虫叮咬不仅会诱发疾病，而且最直接伤害的就是皮肤。细嫩的皮肤被蚊虫叮咬后，会红肿、起疙瘩、发痒，如果不注意的话，一旦抓破，很容易感染。所以，平时要预防蚊虫，夜间睡觉使用蚊帐或点蚊香驱除。

（7）定期消毒。衣服、被褥要经常拿到外面晒一晒，贴身的衣裤、被褥、枕巾等要拿到露天的地方晒 20 分钟，去除螨虫和细菌，避免湿疹、皮炎等皮肤病发生。

（8）细心保护。皮肤很细嫩，需要倍加保护。如避免刀具划伤、扎伤；远离酸碱物质，避免腐蚀；使用火与开水时，防止烫伤与烧伤。皮肤一旦有了外伤，应正确处置，不能麻痹大意。

青春期由于性激素水平、皮脂腺大量分泌等因素形成青春痘，有 80% ~90% 的青少年都有青春痘，青春期后往往能自行消退或痊愈。青春痘切不可用手挤，要保持乐观心态，保持皮肤卫生，少吃辛辣油腻食品。

16. 乳房

青春期少女乳房的发育，标志着少女开始成熟，隆起的乳房也体现了女性成熟体形所特有的曲线和健康美，并为日后哺乳后代做好准备。乳房的保护与保健是女孩青春期卫生保健的重要方面。

小雨从小学二年级就开始学习游泳，蛙泳、仰泳、自由泳她都能游得很优美。可是今年暑假她却死活不去游泳了。妈妈纳闷，小升初的假期没有了学习压力，这是小雨之前最盼望的事，可为什么连她最喜爱的游泳都不参加了呢？妈妈一问，小雨更紧张了。她说自己好像得了病，胸部最近总是疼，还有肿块，小雨怀疑自己得了癌症，她怕妈妈担心没有对妈妈讲。妈妈听后，带小雨来到洗澡间，关爱地查看小雨的胸部，耐心地告诉她，这是女孩子的正常发育。妈妈在网上帮小雨搜集了青春期乳房发育的资料给她看，小雨明白了乳房的事情，心情轻松了，又天天去游泳，因为她知道游泳对乳房发育很有好处。

安全处方

（1）正确认识乳房发育。这是每位女生的必经之路，到了一定的年龄，乳房发育是正常的生理现象。不可自卑、害羞，更不能因为害羞、无知而过紧地束胸。

（2）端正姿势。平时要挺胸、收腹、提臀，不要含胸驼背。睡时，宜取仰卧或侧卧位，不宜俯卧。

（3）合理饮食。千万不可因追求苗条而过分节食或偏食，适量地摄入脂肪，有利于增加乳房的脂肪量，保持乳房丰满浑圆。

（4）经常做健身操。适当多做些扩胸运动、俯卧撑及胸部健美操等，加强胸部肌肉的锻炼。早晚适当地按摩乳房，通过神经反射，改善脑垂体的分泌，促进乳房发育。

（5）根据情况选择胸罩。不可过早地佩戴胸罩，以免影响乳房的正常发育。应在乳房充分发育后，才开始佩戴，但大小、松紧要合适。

胸部的发育会伴有乳房的胀痛，可以在洗澡或晚间自己进行乳房按摩，保持血液的良好循环，并且要每天清洗乳房，每天做做扩胸运动，使胸部健康有活力。

17. 生殖器官

女孩子青春期往往为“是非期”或“朦胧期”，对此，女生应特别注意生理和心理保健，保护好自己的性器官。

小丽14岁了，个子高，长得也漂亮，班里的一位男生过生日，邀请小丽和其他同学到家里为他庆祝。早晨起床，小丽特意挑选了一条紧身牛仔七分裤，配上白色衬衣、白色凉拖，给人一种靓丽清爽的感觉。骑上单车，叫上同学，快乐地来到这位男同学家。同学的爸妈给他们做了很多好吃的。饭后，小丽想去厕所小解，可是因为是在男同学家，同学的父母也都在，小丽不好意思，想着回家再说，于是，她们几个人骑车返回了自己的家。小丽憋得肚子都疼了。

晚上，她觉得自己的阴部瘙痒难忍，于是用手挠，越挠越痒，还有疼痛烧灼感。第二天一早，妈妈和小丽来到医院。经过化验，确诊为阴道炎。妈妈不解，未婚的女孩子怎么会得妇科病呢？医生说好多妇科疾病与是否结婚无关。小丽穿着紧身裤本身造成阴部不透气，加上她没有及时排尿，骑自行车又对阴部有摩擦，最终导致了急性阴道炎。考虑到青春期正在发育，医生建议用中药熏洗阴部。在妈妈悉心照料下，小丽终于摆脱了难言之隐。

（1）注意阴部卫生。女生进入青春期后，随着月经的来潮和白带的分泌，比较容易患青春期阴道炎。因此，注意经期卫生，正确使用消毒后的卫生纸巾，内裤要在日光下曝晒，借助紫外线消毒；经常洗澡；睡前用温水清洗外阴，洗盆专用。大便后，手纸应由前向后擦，小便后用卫生纸擦干净。

（2）内裤有讲究。少穿或不穿体型裤，合理着装，尽量选用合体、布料弹性好、透气性良好的时装，防止罹患“时装性阴道炎”。这类裤子裤裆瘦短，布质厚，弹性不佳，透气性不良，女生前有尿道口，后有肛门，阴道的分泌物不得排泄，会阴部处于温热、潮湿的状态，各种病菌在此环境下最容易滋生、繁殖，容易患上时装性阴道炎。

（3）防止性病的间接感染。在公共浴所洗浴时，应自带浴盆、浴巾，尽量淋浴而不要盆、池浴，防止滴虫、淋病菌或其他性病等间接感染，同时应掌握相应的性病知识，防止性病的间接接触感染。

（4）保护好子宫。少女子宫虽已发育，但其壁尚不厚，子宫黏膜也薄，人工流产手术，尤其是反复人流，势必使子宫壁更薄。人流手术中一旦感染还容易引起宫颈粘连、附件炎，进而造成不孕。另外，人流手术中，由于负压的作用，子宫黏膜可能会逆流入腹腔而引起子宫黏膜异位症。

女生应洁身自好，自强、自尊、自爱，树立正确的人生观、世界观、价值观。洁身自爱、守身如玉，避免过早地发生性行为，杜绝乱性。

18. 经期护理

进入青春期的女孩，卵巢分泌的性激素作用使子宫内膜发生周期性变化，每月脱落一次，脱落的黏膜和血液经阴道排出体外，这就是月经。月经的俗称有很多，如“坏事儿”“大姨妈”“姑妈”“好事”“倒霉”等。

现代女性月经初潮平均在12.5岁，月经是女孩子青春期到来的重要标志之一。不是丢人的事，是少女走向成熟的特征之一。

小婧到了初中就开始了住宿生活。一天上课，她突然觉得自己肚子疼，以为是拉肚子，赶紧请假去厕所，发现自己的内裤上有鲜血，吓得她脸色苍白，惊恐地回到宿舍，随便找了几张卫生纸垫上。由于她和同学们不是特别熟悉，不好意思问别人；又因为她是单亲家庭，有记忆以来就是和爸爸一起生活，这种事情也不好意思问爸爸。

下午第一节体育课，小婧担心卫生纸会掉出去，所以请假。班长是个细心的女孩，看到小婧总是坐在座位上不敢动，就来询问。小婧把事情告诉了班长，班长说这叫来月经，是女孩子成熟长大的标志。这回小婧放心了，在班长的陪同下，买来了卫生巾。

安全处方

（1）克服不适感。在特殊的日子，下身经常是湿热的，尤其是月经量多的时候，皮肤被沤得久了，自然不舒服，产生瘙痒也是正常的，不要用手触摸搔痒处。

（2）保持外阴的清洁、干燥。使用干爽网面或透气性好的棉质卫生巾，每隔 2 小时换一次，内裤勤洗勤换，最好在太阳下曝晒或用热水烫洗，避免细菌滋生，引发妇科疾病。

（3）经期不要洗盆浴或坐浴，淋浴最好。不要用沐浴液清洁阴部，用温热水清洗即可。大便后要从前向后擦拭，以免将脏物带入阴道，引起阴道炎或子宫发炎。

（4）注意饮食。经期不宜吃高脂肪、高能量、生冷辛辣的食物，以清淡食物为主，多吃蔬菜水果、豆类食品、植物蛋白等。不要饮浓咖啡、浓茶，最好不吃巧克力，以免引起痛经。

（5）保持乐观心态。采取各种方法调节情绪，因为精神情绪对月经的影响尤为明显。听听音乐，保持情绪稳定，心情舒畅，避免不良刺激，以防月经不调。

（6）劳逸结合。经期避免重体力劳动和剧烈运动，因剧烈运动可使盆腔过度充血，引起月经过多、经期延长及腰酸腹痛等，要保证充足的睡眠，以保持充沛的精力。

（7）注意保暖，经期适当增加衣服，注意气候变化，防止高温日晒、风吹雨淋；不宜涉水与游泳，也不宜用冷水洗脚，或久坐冷地等。

（8）不乱用药。经期稍有不适，经后即可自消，无须用药。如果有腹痛难忍或流血过多等症状，需经医生检查诊治，不要自己乱服药物。

（9）认真记录。自青春期初期开始，要学会建立月经卡，记录每月经期日期，便于了解自己的月经是否规律，有利于掌握身体情况，防治各种妇科疾病。

经期一般无特殊症状，有时可能会有全身不适、困乏、乳房胀痛、手足发胀、下腹及背部酸胀下坠、便秘、腹泻、尿频等症状，个别女生有头痛、失眠、心悸、精神抑郁或易激动等症状，在月经后会自然消失，不必紧张。

二、与人交往

1. “讹诈”的人与事

生活中总会遇到形形色色的人，关爱会让女生倍感温暖，友谊会让女生不再孤寂，但是，女生思考过没有呢？在美好的一切背后，会不会遇到不友善的人呢？会不会遇到心术不正的人呢？会不会遇到“色狼”呢？遇到时，你会怎么办呢？

星期日中午，初一学生小娟去超市买东西。路过一个街摊时，一个卖小物件的小贩喊她站住，小娟莫名其妙，回头问为什么？小贩拿着一个破碎的小碗，气势汹汹地说是小娟的脚碰坏的，要她掏钱赔偿。

小娟觉得委屈，有口难辩，正准备掏钱时，忽然想起了老师说的“碰瓷”的人，心里有了数，立刻拿出手机给爸爸打电话，小贩看见小娟给爸爸打电话，借口“开溜”了。

(1) 保证人身安全最重要。女生在外面活动时，无论遇到任何突然的“讹诈”，都不能慌乱，保持冷静，学会分析问题。分析问题时，应该前后对比分析，先保证自身安全，同时留心观察四周的情

况，尽可能寻找外援和目击证人的帮助。

（2）无论事情的状态如何，不要激化矛盾。当确定是被“讹诈”时，给自己勇气与自信，千万别被“讹诈”之人的虚张声势镇住，也不能被“讹诈”之人的歪理忽悠住，保持警惕性。

（3）找警察帮助最安全、最可靠。遇到被“讹诈”的事情后，在人身安全有保证的情况下，第一时间报警，如果条件允许，可以保留录音、视频，作为证据。

（4）即刻通知家长或老师。家长和老师是同学们的“保护伞”，要及时通知家长和老师，把事情的来龙去脉说明白，不要怕老师批评，也不要怕家长生气，相反家长和老师还会表扬你有自我保护意识，及时报告情况。

“讹诈”的人一般会做贼心虚，不要轻易陷入“讹诈”人编造的圈套，最好的办法是让周围更多的人知道你遇到了麻烦。其实，坏人最怕人多，就怕路人围观。

2. 算命的人与事

女生长大以后，回头看自己的人生轨迹、过程与结果，如何走呢？怎样走呢？这不是算术题，而是通过积极努力，自己可以掌控的、可以改变的人生命题。希望女生认真思考，不断总结，寻找出健康的人生轨迹。

暑假的一天中午，9 岁的小雪独自出门在小区的花园里玩。一个白胡子老头走来，看着小雪，惊讶地说：“小姑娘，不好了，你身上有条蟒蛇缠绕。”

小雪本来就怕蛇，听说有蟒蛇缠绕，立刻惊慌起来，急忙问怎么办？算命人掐着手指头，拿出一个小红布袋，神秘地说：“挂在脖子上，破财免灾，拿 100 元钱来，谁也不能告诉，保密最重要，说出去了，就不灵验了。”

小雪半信半疑地点头，跑回家，把压岁钱拿出来，交给了算命者，把小红布袋挂在脖子上，回家了。

晚上，妈妈下班回家，看见小雪挂着的小红布袋，问明情况后，严肃地打开，里面是普通的小石头，知道上当了。

安全处方

（1）树立正确的人生观、价值观、世界观。女生正值人生最关键的时候，需要树立远大的人生目标，要有为民族、为国家、为社会做贡献的强烈意识，朝着正确的道路走，不被算命的人和事所困扰。

（2）用科学及辩证的观点来看待问题，遇事要有自己的主见。遇到各种困难与问题，要开动脑筋寻找办法，而不是求助“算命”，相信办法总比困难多。

（3）多学、多看、多观察，留意生活中的变化，掌握事物的普遍发展规律，不上当受骗。俗话说“开卷有益”，平时多学习科学文化知识，提高自己明辨是非的能力，积累的经验多了，也就有主见了，也就不会轻易相信“算命”了。一般情况下，算命者先是花言巧语，最后是骗钱，要提高警惕。

(4) 用积极正向的心态面对生活中的不如意，学点心理学知识。遇到不顺心的事，不要往“歪”处想，要学会调整心态，乐观地面对。

(5) 敢于批评。发现身边的亲人热衷于算命，应该当面指出错误，引导亲人走出算命的误区，加强自身的学习，不向命运低头。

现实生活中，做任何事情都需要付出，没有天上掉馅饼的事，所以请收回不劳而获的心态，踏实学习，成功没有捷径可言。

3. 劝我吸烟的人

吸烟有害健康，可明知故吸的女生也是有的。大多数女生坚决拒绝香烟，但是被动吸烟也很无奈。很多女生根本不沾烟的边，但是有时也逃不掉“二手烟”的困扰。

随着年龄增大，如果有人让你吸烟，该如何拒绝呢？如果遇到“二手烟”，你该怎么办呢？

初中住宿的小丽这个周日没有回家，她和同学约好去礼品店购买小礼物，准备送给即将过生日的小学同学小芳。

转悠了半天，没有什么收获，正当她俩为难时，遇到了表姐的朋友卖小发卡等饰物。小丽高兴地买了蝴蝶结发带，欢欢喜喜地把钱递给了表姐的朋友。表姐的朋友随手递过来两支香烟，让小丽和同学尝尝。

小丽和同学连连摇头，表姐的朋友说这是女士香烟，吸了之后没有伤害。面对这个“热情”的大姐姐，小丽有点招架不住，还是同学灵机一动，说时间到了，马上要回学校了，被老师发现会被请家长的，说完拉着小丽就跑开了。

（1）认识烟草的危害，坚决拒绝吸烟。平时加强学习，多了解吸烟对身体的危害知识，想到吸烟就想起黑色的肺、气管、牙齿等；想到打火机点烟，就想起室内火灾等，产生厌恶感。时刻牢记并遵循的一个原则是，无论谁劝吸烟，都不能伸手，同时借机劝说对方不吸烟，给对方讲一讲吸烟的危害。

（2）为了健康，绝对不吸烟。一支香烟所含的尼古丁可毒死一只小白鼠，20 支香烟中的尼古丁可毒死一头牛。烟草燃烧时，会产生很多种有害气体，严重损害呼吸系统。另外，吸烟还会使血压上升，呼吸兴奋，心率加快，牙齿变黄黑。

（3）严格遵守学生守则，做文明好学生。中小学生年龄不超过18岁，属于未成年人，未成年的学生绝对不能吸烟。要遵守学校的规定，把精力用在学习上，把节约的钱用来买有意义的好书、买需要的学习用品，或捐赠给希望工程。

（4）要保持头脑清醒，给你香烟的人的目的是什么？是为你好吗？不是！其实是在害你。对于有害身心的行为，不仅要学会拒绝，敢于拒绝，善于拒绝，还要自觉养成不吸烟的好习惯。要明白一个道理，女生正处于青春期，身体发育到了关键阶段，务必远离烟草。

（5）躲避“二手烟”，不能被动吸烟。外出时，如果遇到了“二手烟”，立刻远离吸烟的人，或到吸烟人的上风方向位置。如果是家人吸烟引起的“二手烟”，要及时制止，建议家人戒掉香烟。如果是同学吸烟引起的“二手烟”，要劝阻同学，同时找机会告诉老师或同学家长。

女生要深刻认识吸烟的危害，自觉远离香烟，不吸烟有益于健康！

4. 劝我喝酒的人

酒精对人体有伤害，特别是对未成年的女生危害更大。极个别女生如果沾染了饮酒的坏习惯，会经常偷偷喝酒，必然会影响大脑神经系统的健康发育，导致思维迟缓，反应不敏捷，脑子发木、发笨。

如果管不住自己的嘴，喝醉酒了，还可能会失去理性，借酒闹事，撒酒疯，甚至会发生打架斗殴，干扰学校正常的教学秩序等严重后果。

今天是初三学生娇娇的生日，6个同学聚在公园里一起庆祝。大家围坐在一起说笑，吃着零食，喝着饮料。这时，一个男同学拿出6罐啤酒，分发给大家，提议每个人都要喝一罐啤酒。

娇娇说自己是女生，不能喝酒，却遭到男生们的集体反对。同学说大家在一起过生日，就是热闹、热闹，喝一罐啤酒，没有事。娇娇刚要接过啤酒喝，想起了老师说的话，为了健康，别沾染酒精。于是，她灵机一动，高兴地说，爸爸找我有事，我先走了，生日以后再过吧！说完，立刻跑开了。

（1）了解酒精对身体的危害。酒精对人体的大脑和神经系统伤害最大，可使大脑异常兴奋，或处于麻痹状态，行为失控，导致严重后果。酒精能使血压升高，增加心血管的负担，造成血管硬化，使人容易患心脏病。女生的大脑与神经系统没有发育完善，会导致智力衰退，性格异常。酒精还会刺激胃肠黏膜，降低消化功能。酒精还会影响女生的卵巢发育，长期饮酒，酒精长期侵害人体的生殖系统，会影响将来生育。

（2）不去酒吧等公共饮酒场所。酒吧里社会上的人多，情况复杂，容易发生意想不到的事情。女生以学为主，尚未成年，不应进入酒吧，更不能饮酒，以免发生严重后果。

（3）严格要求，参加宴请时不放纵。平时要能管住自己，不贪酒，不偷偷地喝酒，更不能酗酒。参加宴会时，无论多么好的酒，都不要伸手；无论谁劝酒，都要拒绝；无论谁提议，都要保持警惕性。

（4）学会劝诫他人戒酒。遇到亲人劝自己喝酒时，不但自己不喝，还要劝亲人少喝，或戒掉酒。遇到同学劝酒时，善意提示或严肃批评同学喝酒的行为，甚至可以告诉老师或同学家长，这才是真正关心同学的成长。

面对美酒，女生要保持“距离”，不仅自己能做到不喝，还要劝诫亲人、同学不喝。

5. 劝我看黄色光碟的人

黄色光碟害死人，是把女生推向深渊的“精神毒药”。随着女生的身体发育，性意识逐渐觉醒，一般在12岁左右就会出现性冲动和对异性的眷念。女生对男性产生神秘之感，对性存在好奇，这是正常的生理现象。

由于年龄小，还未成年，生理和心理都不成熟，如果因为好奇、因为冲动、因为别人劝说，悄悄地看了黄色光碟，往往会迷恋其中，不能自拔，甚至会干出后悔的事情来，影响学习，还毁了一生。所以，女生一定要远离黄色光碟，时刻牢记这是诱惑你走向犯罪的“恶魔”。

14 岁的小秀品德端正，人缘也好，男女同学多。平时喜欢看一些老电影、老画报、老小人书等。周日下午，一个男同学给她打来电话，说有个好看的光盘请她看。

小秀高兴地去了同学家，同学神秘地拿出一张黄色光盘。她发现是黄色光碟，立刻想起老师讲的安全教育课，远离黄赌毒，做文明好学生。于是，立刻严肃认真地给同学讲了利害关系，批评了同学的错误想法，嘱咐同学不要看这些不健康的黄色光碟，立刻毁掉黄色光碟。同学意识到自己的错误，毁掉了黄色光碟，把精力用在了学习上。

安全处方

（1）严格遵守学校的规定，多参加学校组织的法制教育活动，管住自己的眼睛，坚决不看黄色光碟，把精力放在学习上，多读有益的书，多做有益的事，时刻保持警惕性。

（2）交友要谨慎，不能与看黄色光碟的同学交往，要与思想进步，爱学习、爱劳动、讲卫生、讲文明的学生交往。

（3）树立正确的人生观、价值观，主动寻找模范人物，自觉学习英雄人物的成长历程，从模范与英雄人物身上找到做人的道理，知道什么是丑，什么是荣；知道什么可以做，什么不可以做。

（4）多参加有意义的学校和社会活动，丰富自己的业余爱好。学校有一些课外兴趣组，有精力的话，可以根据自己的兴趣、爱好，主动参加，与同学共同参与有意义的课外活动。

（5）敢于举报。无论是发现亲人看黄色光碟，还是发现同学看黄色光碟，都要敢于制止，甚至可以去举报。这是对亲人的爱护，对同学的帮助与挽救。

黄色光碟的诱惑大、陷阱深，对女生的身心健康损害大，女生一定要坚决做到不购买、不观看、不传播，更不能聚在一起看。

6. 劝我打麻将的人

女生遇到过这样的事情吗？也许是家人聚会，也许是同学生日，也许是街头巷尾的邻居，有时候为了打发时间，常常聚在一起打麻将，这时“三缺一”有没有叫上你，劝说你和他们玩几局呢？

春节，妈妈带着14岁的小雨去姥姥家。吃完年夜饭，姥姥、姥爷拿出零花钱，提出打麻将，“三缺一”，姥姥、姥爷邀请小雨帮忙打一个通宵。

小雨听说打麻将，想起了老师放假前说

的警告语，学生假期不能玩麻将，立刻说自己头晕，需要睡觉了。听说小雨头晕，姥姥赶快催促小雨睡觉去了。

安全处方

（1）牢记学习是主要的事。女生应该以学为主，平时要刻苦学习，钻研文化知识。无论假期还是周末，都不能被“三缺一”的劝说误导了，要多参加有益于身心的社会活动。

（2）远离麻将，遵守校规。学生要自觉遵守校规校纪，遇到劝自己打麻将的人，要坚决拒绝，洁身自好，提高警惕性，不仅自己不打麻将，还要劝说同学、亲人停止打麻将，更不能赌博。

（3）有法制观念，有原则。无论什么情况下，绝对不能参与以打麻将为主的赌博行为，即便数额小，也不能参加。遇到聚众打麻将赌博的人群，绕道走开，不围观、不凑热闹。

打麻将有时候是亲朋之间的娱乐性活动，遇到劝说“三缺一”的情况，要以学习、写作业为借口躲开。

7. 主动送东西的陌生人

女生一定经常看到亲朋好友之间互送礼物的情景吧，这是因为彼此间需要通过这种形式来表达情感，礼尚往来。可是，当一个陌生人主动送你东西的时候，你敢要吗？是否考虑过有没有危险呢？要多留心，不能麻痹大意。

暑假，14 岁的小玫在小区门口玩，一个中年妇女走来，手里拿着几张光盘，微笑着说光盘是免费送给她的，回家再看，是初中课外知识，能帮助提高学习成绩。

听说能提高学习成绩，小玫高兴极了，立刻接过来，回家看。光盘播放以后，是具有迷信色彩的内容，小玫感到有些后怕，立刻告诉了家长，销毁了光盘。

（1）学会保护自己。女生到陌生环境中，遇到陌生人时，特别是遇到主动送东西的陌生人，要保持警惕性。不贪小便宜，不接受陌生人的任何东西，以免上了圈套，后悔不及。

（2）保持头脑清醒。遇到热情的陌生人接近自己，甚至送东西给自己，不能被眼前的假象迷惑，也不能好奇地接受东西，不能心存侥幸，认为不会发生什么意外，应找借口拒绝，远离陌生人。因为陌生人的底细你不知道，陌生人送东西的目的你不知道，陌生人有没有传染病你不知道，万一东西上有病菌呢？万一东西里藏有危险的物品呢？万一隐藏着封建迷信的内容呢？

（3）保持安全距离。遇到陌生人送东西时，如果情况突然，与陌生人的距离比较近，立刻退到安全距离，仔细观察，及早发现蛛丝马迹。千万不要轻信陌生人的花言巧语，要有自己的主见。

(4) 及时报警，或报告家长、老师，或呼喊过路人。如果被送东西的陌生人纠缠了，不要紧张，不能被送东西的陌生人要挟，要机智灵活，发现附近有警察时，立刻呼喊警察，请求帮助，或立刻打报警电话，或给家长、老师打电话，确实保证安全。如果情况紧急，可以呼喊路过的群众，说明情况，请求帮助，随时做好脱身的准备。

陌生的环境和人，会有很多的不确定性因素，平时多看一些普法类的书籍和节目，加强防范意识，增强辨别好坏是非的能力。

8. 各种理由的请客要求

同学之间的友谊和礼尚往来需要用什么来衡量呢？面对同学各种理由的请客要求，你会以怎样的方式应答或拒绝呢？

真实事件

初二年级的小琳人缘好，朋友多，同学们都愿意与她交往。今天，她写的一篇文章刊登在少年报上，几个要好的同学提议庆祝一下，让小琳请客。

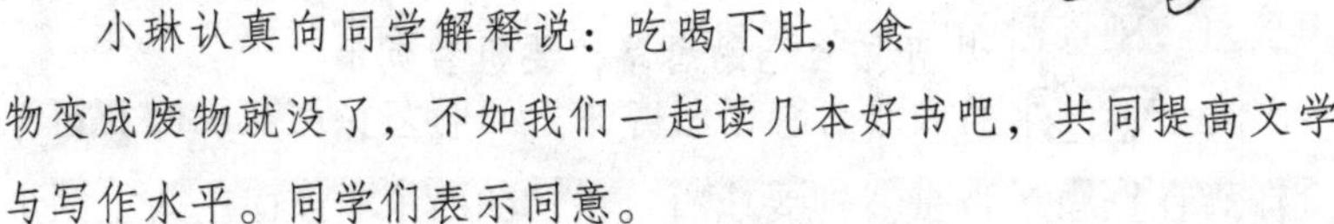

小琳认真向同学解释说：吃喝下肚，食物变成废物就没了，不如我们一起读几本好书吧，共同提高文学与写作水平。同学们表示同意。

（1）委婉拒绝，珍惜父母的钱财，不要“大手大脚”。现在极少数同学学会了社会上的那一套，动不动就劝人请客，遇到要求别人请客的同学，不要顾及面子，该拒绝就拒绝，不能摆阔气，更不能为了面子“大手大脚”。同学们要知道一个最真实的道理，每一分钱，都是父母的劳动汗水钱，来之不易。

（2）根据情况，灵活对待。别人劝你请客，肯定有理由，比如别人帮你了，特殊的日子别人看望你，你取得了好成绩等，此时，应该灵活对待，也不能太“抠门”，可以根据情况，给帮助你的人买点雪糕、糖果、汽水、水果、瓜子、花生、饼干等小食品，不能大吃大喝，量力而行。

（3）多问一问。万一遇到反复纠缠要你请客的人，不要太纠结，可以征求父母的意见，也可以向老师说明情况，把为什么对方非要你请客的事情说明白，听听家长与老师的建议，请他们帮忙出主意。

（4）友谊第一，敬而远之。如果遇到个别同学不理解你拒绝请客的理由，不要与同学“闹僵”了，积极与同学沟通交流，取得同学的理解最重要。如果同学还是不理解，只好敬而远之，适当保持距离。

学会拒绝也是一门学问，一句话百样说，任何一件事情，都会有几种解决办法，要开拓自己的思路，要机智灵活。

9. 朋友介绍的新朋友

朋友既可以分享你的喜悦，也可以分担你的忧愁。女生谈论着友情，歌颂着友情，追求着友情，从友谊中品味着幸福和愉悦，也汲取着营养。事实上，没有哪个女生不渴望有几个真正的好朋友。然而你知道吗？朋友也分良莠，不能不睁大眼睛，认真甄别呀。

13 岁的小花是班里“茉莉花”读书小组的组长，暑假，“茉莉花”读书小组集中读书，小组成员小华贸然拉来一个外校的同学，说外校同学也想加入“茉莉花”读书小组。

小花看着这位不速之客，感觉打扮有点妖艳，与同学们不是一路人，婉言拒绝了外校同学的加入。

（1）把握好交朋友的大方向，交友要以共同的远大理想和追求作为基础。朋友能帮人，也能害人。交朋友要交思想品德好，爱学习、有礼貌、遵纪守法、讲诚信、敢于担当、有责任的人，不能交吃吃喝喝、吹吹拍拍、撒谎成性的人。

（2）保持一个度。朋友的朋友一般情况比较复杂，很少知根知底，其家庭情况怎样？是不是有传染病？所以，一定要谨慎小心。不能与朋友的朋友自来熟，应该学会观察、了解，通过逐渐交往，逐渐看清朋友的朋友的秉性，再决定是否交这样的朋友。

（3）心中有一个前提。无论朋友的朋友是什么样的人，要有一个基本原则，不能耽误自己的学习，不能把自己带坏，这是最根本的大事。女生应该以学为主，不应分散精力去广交朋友。

（4）注意安全，该说的说，不该说的一定要保密。朋友介绍你认识新朋友，保持基本的礼节礼貌，不卑不亢，不要什么都告诉新朋友，适当保留点秘密，特别是家里的秘密。保留秘密不是不真诚，而是防范。

（5）要学会说“不”。认识朋友的朋友后，考察过关了，符合你心中的标准，就可以交往了，坚持以学习为主的交往，彼此要勤沟通、勤交流，相互促进，相互信任，不能过于疑虑。交朋友往往就像照镜子，你真诚了，朋友自然也就真诚了。如果考察没有过关，可以逐渐淡出，也可以找借口委婉拒绝交往。

与朋友的朋友交往，一定要谨慎，不能放松警惕性，不能不考虑后果，必要时，咨询父母与老师，问问能不能交朋友的朋友。

10. 对不熟悉的人如何说话

在人们生活的社会中有很多可以信任的人，也有不可以随便信任的人。在与不熟悉的人的交往中，一定要多留个心眼，说话要小心，以防泄密或落入别人设计的圈套中。

「不軽易相信陌生人的话」

9岁的小雯是个纯真的好女孩，她家距离学校很近，每天独自徒步上下学。一天下午放学晚了，天色渐黑，她独自走出校门，一个中年妇女追上来，自称是搞社会调查的，问她几岁了，是不是在这个小学上学，学习紧张吗？作业多吗？老师叫什么？教学水平如何呢？

小雯很冷静，看着前面自家的高楼，提高了警惕，不理睬中年妇女的问话，故意往人多的地方走，大喊："爸爸，你来了吗？我来了……"

中年妇女听小雯喊爸爸，急忙转身走开了。

（1）沉着冷静，安全第一，从容应对，保持安全距离。女生在外面活动时，遇到不熟悉的人问事或需要你帮助，应引起警觉，不能"有求必应"，保持镇定，与不熟悉的人保持一定的安全距离，不要有身体接触。

（2）不贪嘴，不贪利，不贪名，坚决抵制各种诱惑。如果听见不熟悉的人说认识你、住在一个小区、认识你父母等，或其他花言巧语，夸赞你、表扬你、忽悠你，都不能轻信，要有自己的主见与判断力，确保人身安全，不吃、不喝、不要不熟悉的人给的任何东西。

（3）具备防欺骗的本领。骗子无论怎么伪装都是骗子，要从以下三点观察：一是看对方的眼神是否真诚，看对方的着装是否得体，看对方随身携带的物品是否有异常。二是听对方的语言是否合乎常理，听对方的口音是当地人还是外地人。三是看对方的表情，是否紧张，有没有人为的伪装迹象，或掩盖什么，等等。而后，进行综合判断，得出基本结论。

（4）及时告诉家长、老师，或向路人呼喊。与不熟悉的人相遇、相见，说话时务必要有所保留，不能全掏“一片心”。如果发现不熟悉的人问这个、问那个，甚至有动手动脚的行为，举止、言谈、形迹可疑的话，可以打电话告诉家长或老师，情况紧急时，可以向路人呼救，也可以打 110 电话求救。

（5）果断说不，拒绝不合理的要求。女生的能力有限，本身还是未成年人，不能帮别人干超出未成年人能力的事，可以果断拒绝对方的问话、请求事项等。

判断一个人的好坏，切不可以凭借他的外表或一些行动，不能被迷惑，要学会独自思考，学会辨别是非，多实践，才能积累更多的社会经验。

11. 说话的学问

说话不是简单的事，说话是一门高超的艺术，一辈子也学不完。不同的时间、不同的地点、不同的人，女生们说话要讲究分寸，声音的大小，语速的缓急，言语的轻重，是不是需要保密都要考虑，不能随心所欲，同学们必然生活在集体当中。

周末下午，妈妈和爸爸外出了，13 岁的小香在小区里玩。小朋友们都玩疯了，1 小时后，小朋友们想回家休息了，小香央求大家说再玩会，家里没有人，自己回家害怕。此时，小香身边正好有一个收废品的人，听到了小香说的话。

小朋友们只好再接着玩，2 小时过去了，小香的妈妈、爸爸回来了，发现家里被盗了，立刻报案。警察根据录像，抓住了收废品的人。原来，收废品的人听了小香的话，悄悄地来到她家，扒开窗户，进去盗窃了。

（1）做一个有修养的人。修养二字不是随便一说的，而是要具体做好的。言语能反映出一位女生的基本修养，平时要注意文明用语，特别是在公共场所活动时，更要自觉遵守有关规定，保持安静。

（2）遵守保密规则，不要无意中泄露“秘密”。女生往往缺乏保密常识，容易在外面乱说话，如家长不在家了，家长住院了，家长出差了，家住在哪里，几点接自己，自己在哪个学校、哪个年级、哪个班上学、老师姓名等，无意中暴露了自己的信息，给不法之人以可乘之机。

（3）注意当地的风俗习惯。女生无论在学校，还是外出活动时，到某个地方后，遇到当地的任何人，都应该自觉遵守当地的风俗习惯，忌讳的话不说，忌讳的事不做，以免引起误会与纠纷。

（4）及时告诉家长，防患未然。如果在外面说了不该说的话，泄露了家庭、学校及老师的“机密”，可以及时告诉家长和老师，提醒他们注意，更好地保护自己与家人的安全。

在公共场所说话要注意安全与保密：一要防止被别人偷听；二要考虑顾忌他人的感受，不要打扰别人，学会换位思考问题。

12. 去朋友家玩

放学后，到同学家里写作业是很正常的事，同学们聚在某个同学家里，一起研究作业里的难题，回忆老师课堂讲课的内容，背诵古诗、算数学题，一起读书，一起放松娱乐，一起分担忧愁，共度美好时光，让同学们不再感到孤独与寂寞，对于增强同学们的友谊，健康成长很有益。

真实事件

小苗 13 岁了，下学了，应同学邀请到同学家里玩。写完作业后，她来到同学家的客厅，看着同学爸爸收藏的瓷器及其他宝贝，很喜欢。

一个古代小碗吸引了她，她伸手拿小碗，不小心掉在地上，摔碎了，当时就吓坏了，既害怕，又紧张。

同学家长回来后，说小碗是明代的，价值数万元，好在双方家长进行了沟通，小苗爸爸照价赔偿。这次小苗吸取了教训，警告自己不能随便“动”别人家的东西。

（1）注意自己的言谈举止，礼貌问候。无论是去朋友家玩，还是去同学家，都应该注意个人卫生，讲文明、懂礼貌，主动向朋友或同学家长问好，进门要稳重，不能毛毛躁躁的。

（2）必须尊重主人家的习惯，不涉及主人家的隐私。在朋友家或同学家玩，最好预先问问有无忌讳，以免发生不愉快的事。在朋友家会看见很多物品、新鲜玩意等，不能随意翻动主人家的物品，特别是贵重物品更不能随意触摸、翻动。要知道尊重主人家的各种习惯，特别是饮食、语言、服装等。

（3）听从主人家的要求，遇事征求主人的意见。主人家如果对你提出特殊的要求，应该认真遵守。主人家送东西吃时，讲文明，不贪求，不争抢。如果主人家有宠物，不要随意逗着玩。

（4）不隐瞒，如实说明情况。在主人家玩时，如果发生了意外情况，不要撒谎隐瞒，如实向主人的家长说明情况，问题严重时，向自己的家长如实说明情况。

女生去朋友家玩，要自尊、自爱，有明确的界限，管好自己的手、脚、嘴，不属于自己的东西不随意触动，不该问的事不问，不该说的事不说。

13. 远离性游戏

性游戏也许是年幼好奇，也许是别有用心，不论是怎样的初衷，女生都要学会拒绝。面对无理的要求，一定要说不，绝对不能逆来顺受。

7 岁的萌萌上一年级了，虽然是个女孩，可是她的个子很高，长得特别漂亮，非常讨学校男同学的喜欢。周日下午，一个男同学敲门，请萌萌到楼下玩游戏。萌萌很高兴，跟着男同学下楼了。楼下小区花园很大，萌萌和男同学玩猫抓老鼠的游戏。萌萌（老鼠）被男同学（猫）抓到后，男同学把萌萌的双手绑好，伸手要脱萌萌的裤子，兴奋地说看看你（老鼠）里面长的什么样子。

萌萌记得妈妈说过自己的身体隐私部位谁也不能看，她大喊救命、挣扎，不让男同学脱裤子，一个路过的阿姨发现情况不对，训斥了男同学，把萌萌安全送回家。萌萌妈妈立刻去找男同学的家长，严肃地批评了男同学。

（1）性游戏害人不浅，容易使人精神涣散，甚至迷恋其中，最终伤害身体，腐蚀心灵，女生应该认识到性游戏的危害，远离以任何形式出现的性游戏。

（2）提高警惕，擦亮眼睛，坚决拒绝别人提出的性游戏要求。遇到朋友、同学提出玩性游戏活动时，一要严肃拒绝；二要想方设法离开；三要保持冷静、克制自己的行为，不能有尝试一次没有事的念头。

（3）告诉家长或老师。遇到同学或朋友提出玩性游戏，或已经被迫玩了性游戏，不要忍受，应该及时告诉家长、老师，让他们帮助你处理这件事。以后，要远离这样的同学和朋友，集中精力学习。

（4）拓展知识，打破对性的神秘感。女生正值青春期，有了朦胧的性意识，千万不要偷偷摸摸地看关于性方面的书籍与光盘，更不要紧张，应该通过家长、学校的卫生老师了解健康的性知识。

坚决杜绝性游戏，同时表明自己的态度和立场。必要时立即向家长老师说明情况，寻求他们的帮助，把危害程度降到最低。

14. 朋友给我“快乐糖”

女生们听说过“快乐糖”吗？它是一种隐性毒品，一些不法罪犯把刺激性、麻痹性的药品制成五颜六色、形状可爱的“糖果”，经常以糖豆的身份出现，让青少年们很喜欢，一旦上瘾，就会在麻痹中丧失防范性，导致严重后果发生。

小娟 13 岁了，她家附近有一个网吧，每天都有黄头发的男男女女出入其中。一天，她下学经过这里，一个黄头发的大龄女生从网吧里出来，拦住小娟，神秘地说：小妹妹，我这儿有“快乐糖”，送你一块吃，吃了保准你精神。

小娟看着黄头发的大姐姐，脑中出现了电视里法制节目的片段——毒品。她倒吸了一口凉气，找了借口，迅速离开了。

（1）毒品对人体的危害十分严重，不仅能损害人的神经系统，使人出现幻觉，陷入麻痹状态，还能损伤人的脏腑器官，影响女生的生长发育。所以，女生应真正了解、认识毒品的危害性，管住自己的好奇心，不接受朋友给予的以任何包装形式出现的毒品。

（2）学习第一，多参加社会性公益活动。女生处于学习的年龄，学习是第一要务，在学习的同时，可以积极参加学校组织的社会公益活动，多体验生活，锻炼自己，做一个全面发展的好学生。

（3）结交朋友要谨慎。女生涉世未深，想问题简单，容易被江湖义气所蒙蔽，结交朋友时，要了解对方的人品，坚决不与不三不四的人来往。

（4）健康的娱乐活动。平时严格管束自己的行为，不要随意出入“黑”歌舞厅，也不能进入其他不适合未成年人进入的娱乐场所。

（5）及时报告家长、老师或警察。女生在特殊的场所遇到有人给你“快乐糖”，在拒绝的同时，在保证安全的前提下，告诉家长、老师或警察，防止毒品蔓延。

面对“快乐糖”的诱惑，要提高警惕，保护好自己的安全，不要好奇，更不能寻求刺激，也绝不能尝试“第一次”。

15. 患了传染病的朋友

传染性疾病一旦流行，扩散迅速，危害极大。要预防传染病，就需要了解传染病的病因、症状、传播途径及预防办法，掌握科学的防治知识，切实保证身体健康。

小敏是初二的学生，她与同班的小花是闺蜜，形影不离。一天早上，小花没有来上学，她很焦急，四处寻问，知道小花得了黄疸型肝炎，是传染病，需要在家隔离治疗。老师说谁也不能去小花家，以免被传染。

小敏十分想念小花，每天下午下学，悄悄去小花家看望她，两人密切交流，一点隔离措施也没有。

两个月后，小敏也得了黄疸型肝炎，不得不在家休养治疗。医生详细了解了情况，认为可能是被小花传染的。小敏十分后悔。

（1）及早治疗。发现朋友得了传染病，担心被传染的话，不要惊慌，一要及时劝朋友去正规医院就诊，做到早发现、早诊断、早治疗、早康复；二要自己主动与家长或老师说明情况，问问自己应该怎么办，是不是也需要去医院看医生，进行预防性的检查与治疗。

（2）被传染上疾病后的注意事项。如果自己被朋友传染了疾病，要立即和老师、家长联系，最好听医生的建议，或进行住院隔离治疗，或在家休息治疗，最好不出门、不串门、不与同学接触，以免传染给他人。

（3）经常消毒。如果在家休息养病，除每天按时吃药外，应经常开窗通风换气，保持室内空气新鲜。民间室内简易消毒的偏方：在室内进行食醋熏蒸，能有效消毒灭菌。

（4）注意个人卫生。知道朋友得了传染病后，要更加注意个人卫生，平时用肥皂、流水反复洗手，防止交叉传染。避免近距离接触，最好不握手、不拥抱、不吃患者的食物，保持安全距离。平时的餐具，应餐餐消毒，餐具不要与患有传染病的朋友共用。独自住一个房间时，要经常打扫卫生，清除垃圾，多喝白开水、多通风，注意锻炼身体，增强体质。

与患有传染病的同学接触后，要保持理性，根据传染病的性质、特点，在医生的指导下，采取相关的防控措施。

16. 男生提出与我谈恋爱

男女同学间互有好感是正常现象，不要羞愧，不要认为是“下流”的事，这也是接受自己身体变化，接受自己成长，感悟、探索、实践、创造和总结“青春期”的过程。喜欢无罪，但人要有自知之明。女生要知道一个最简单的道理，没有哪个男生喜欢邋遢、轻浮、虚荣、不求上进、不讲文明、花言巧语、软弱、任性的女生。

小艳上初三了，一心一意准备中考。今天中午，她突然收到同班一名男同学送来的纸条，说“要和她谈恋爱”。

小艳头一回收到这样的纸条，呼吸急促，吓坏了，她真不知道怎么办才好。回到家后，她来到隔壁姐姐家，这个姐姐从小与小艳一起长大，两个人像亲姐妹一样。姐姐比小艳高两届，当然主意也多。听完她的叙述，姐姐替她出了许多主意。按照姐姐的办法，小艳终于把这件事安全地“摆平了”，没有伤害到男同学的自尊心，她也可以专心来学习了。

(1) 客观理性地看待同学间的感情和友谊。知道男生喜欢自己，说明自己某些方面优秀，要保持优点，不要骄傲。不要想入非非，也不要自我感觉良好，要用一颗平常心对待男生，不要生硬地拒绝，也不要陷入情网，摆正同学的友谊关系与定位，专心学习。

(2) 生活学习中，注意自己的言行，把握分寸，尊重男生。在学校里，男女生接触的时间很多，女生与喜欢自己的男生接触时，要大大方方，不能有羞愧感。要注意给男生保密，不能到处散布男生的“八卦”。

(3) 恋爱并不代表真的爱。爱的方式和含义很广泛，如长辈的关爱，朋友的友爱，老师的厚爱等，不能说男生喜欢你，提出与你谈恋爱，就真的要与你成家！恋爱可不是一句简单的、喜欢的话就能代替的。

(4) 保护自己，绝不越“雷池”一步。男生提出与女生谈恋爱，往往带有冲动性，由于正值“青春期”，一些男生对女生充满着好奇与向往，女生要有清醒的头脑，无论男生怎样喜欢你，都不能偷吃“禁果”，做出追悔莫及的事情来。如果男生死死追求，干扰了你的学习与生活，可以告诉老师、家长，请他们帮助解决。

女生注意了，一定要把青春期“萌动”的心控制住，化为动力，去奋斗，去实现自己的理想，未来才会是幸福的。

17. 单独约我外出的男生

浪漫的青春花季里可曾有你编织过的梦？梦中的你，可曾无数次期待着一份美丽的邂逅，等待着一份情怀的敞开呢？当你的梦想成真，如何转换现实与想象之间的美好呢？这些都是值得思考的问题。

真实事件

小鹿是个漂亮、阳光、能歌善舞的女孩，虽然上初二，但身高近1. 65米，还是班里的宣传委员。文艺演出会上，总能见到她主持节目的身影。

周日下午休息时，班里的男同学给她打来电话，约她一起去看电影。小鹿经过了解，是男同学想单独约她一个人外出看电影，便委婉地告诉男同学，自己下午必须做完老师交代的几件事情，没有时间看电影。巧妙地拒绝了，没有伤着男生的自尊心。

（1）正确、理性地对待与男生单独约会外出的事情。随着年龄的增长，男女生之间会产生朦朦胧胧的好感，如果男生单独约女生外出活动，无论是看电影，还是其他活动，女生都要注意保密，健康地、正确地看待这样的事，不能自作多情，也不能冷冰冰地应付。

（2）端正自己的言行，尊重男生。女生与男生交往时，要行为端正，言谈文明，对待男生要礼让三分，不能与男生计较这、计较那，管住嘴，不要随便吃男生买的食物，也不要随意接受男生的礼品。

（3）委婉拒绝，表达明确。男生单独约女生外出时，如果男生说出爱你的意思，或有过分的行为举止，女生要保持警惕，委婉拒绝，明确表达不可以早恋，更不能有身体接触，千万不能黏黏糊糊，似是而非。

（4）多参加集体活动，增进同学之间的友谊。建议单独约你外出的男生多和同学们一起活动，一起学习，一起进行文体活动，一起进行社会实践活动，在集体中强化同学之间的朴素感情。

拒绝也是一种能力，也是对男生的尊重。青春期，有很多女生们未知的事情需要去探索。喜欢到爱之间的路程还很远，同学们还没有到爱的阶段，该放则放，该收则收，把心思放在学习上。

三、网络陷阱

1. “电脑病”

电脑、手机等高科技产品给女生的生活带来了便利，提高了女生的学习效率，拓展了知识面。但是，如果不加以控制，长时间玩电脑，也会给女生的身心带来不同程度的伤害，如厌食，恶心，思维迟钝，视力下降，颈椎，胸椎，腰椎疼痛，脊椎变形等，所以，玩电脑要适度，不可无节制。要做到正确、合理地使用电脑与手机，需要女生能自我约束，学会掌控行为、养护身体，调整心态。

初中一年级的小丽喜欢玩电脑，每天挂在网上查资料、看电影、听音乐。暑假，她有充足的时间上网玩了。早上，爸爸妈妈上班走了，她就开始上网，直到妈妈爸爸下班。

快开学了，她感觉眼睛视物模糊，胳膊经常痒，脾气越来越大，精力无法集中到书本上，妈妈带她到医院检查，医生说这是典型的“电脑病”。长时间玩电脑会成瘾，容易造成偏激、亢奋，眼睛、脑神经、心脏、肺、四肢也可能会出现疾病，以后要科学地使用电脑，注意休息，合理饮食。

（1）保持眼睛和显示器之间的安全距离，把屏幕亮度调整到适宜。坐姿端正，不含腰、不驼背、不歪头。使用电脑每隔 1 小时应休息 5 ~ 10 分钟，经常做广播体操，或局部按摩，做眼保健操时要认真，养成规律运动的好习惯。

（2）预防“鼠标手”。使用鼠标时，由于手腕持续握着鼠标，手臂长时间悬空的话，容易形成鼠标手。所以，应该经常活动手腕、手掌、十指，以减轻手腕的压力。

（3）不要在电脑周围摆放杂物，免得灰尘被皮肤吸附。不要在电脑周围放水、饮料、食物，以免造成不必要的意外。使用电脑时，保持室内空气流通、新鲜。

（4）自然面对电脑，使用电脑，不能上瘾。使用电脑是正常的事，不要偷偷摸摸地使用，不要放纵自己的行为，要有时间限制，劳逸结合，以学习为主。

（5）健康第一。牢记五点：一是不熬夜；二是不连续作战；三是不空腹玩电脑；四是不能饭后立刻玩电脑；五是加强营养，合理安排膳食，多吃水果、蔬菜、坚果等。

使用电脑不能上瘾，要知道电脑是“双面刃”，既能帮助你，也能伤害你，不能掉以轻心。

2. 色情网站

色情网站，又叫黄色网站。这些不法网站，为了达到吸引“眼球”与商业目的，内容淫秽不堪，没有道德底线，对女生腐蚀非常大。女生不能被黄色网站“拉下水”，否则后果不堪设想。

一天晚上，初三学生小琳在电脑上查学习资料，突然跳出一个链接，写着“快速变漂亮的秘密”。小琳一直希望自己再漂亮点，这个链接吸引了她。顺手打开了链接，出现了裸露男女的画面。这是什么呀？小琳很好奇，因为她很想知道怎样能快速变漂亮的秘密。她点开照片后，又是一个链接，再点就是黄色电影了。正当小琳目瞪口呆时，妈妈过来关闭了链接。告诉她，电脑中随意弹跳出来的链接要么是广告，要么是非法网站，有的还有可能携带病毒侵入电脑偷窃个人信息，或导致电脑瘫痪。这些不正常的链接不能随意点开。小琳点点头，知道了黄色网站的诱人方法，表示不会上当了。

（1）提高警惕，远离黄色网站。使用电脑是正常的事，但是要学会保护自己，不要被一些诱人的语言、画面诱惑，对于电脑里任意弹跳出来的任何链接都不要随意打开，以免误入黄色网站。

（2）守住底线，绝对不能被突破。女生正值

“青春期”阶段，对性的兴趣很大，上网时，必须牢记一条铁的纪律，不能与黄色网站沾边，这是底线。无论黄色网站以什么方式出现，都要记住自己是学生，是未成年人，不能沾黄色网站，黄色网站就是万丈深渊，迈进去只有死路一条。

（3）多参加集体活动。平时遇到烦心事，不要自己在网上寻求解脱与安慰，要主动与同学、老师多交流，多参加班集体活动，多参加有意义的社会活动。平时寂寞时，要摆脱对性的困惑，转移思维与视线，把精力放在学习上。

（4）告诉老师、家长，或直接举报黄色网站。使用电脑上网时，一旦不小心进入黄色网站，要果断退出，并立即对电脑进行清理。如果电脑中经常出现黄色网站，要告诉老师、家长，或直接在网上举报，打掉这个黄色网站。

色情网站就如披着羊皮的狼，它总是以正常的方式吸引女生的注意，引诱你上钩，要特别引起警觉。

3. 邮箱里的邮件

随着网络的普及，女生们已经尝到了使用邮件的甜头。信息时代，邮件传递非常便捷，但也存在着一定的风险。对于来历不明的邮件，不要轻易打开，以免“中枪”。

「警惕邮件中的病毒」

初中一年级的小桃与妈妈都喜欢上网购物，母女俩的衣服、帽子、鞋子、包包都是妈妈网上“淘”来的。

一天下午，小桃使用电脑学习，突然看到了妈妈的邮件。她喊来妈妈，打开了标有“消费通知单”的邮件，提醒有消费记录。消费金额在两日内扣除，并随邮件附上了联系电话。妈妈立刻按邮件上的电话打了过去，按对方提示，更改了密码。

第二天，妈妈到取款机输入自已更改的新密码时，提示不正确了。妈妈试着输入原来的密码，密码是对的，但卡上的钱早不知去向了。妈妈明白上当了，立即报警。

安全处方

（1）查看邮件要细心。使用电脑时，不要冒失，当发现新邮件时，不要急着打开，要先查看发件人的名字和邮件主题，多问几个为什么。对来历不明的邮件不要轻易打开。

（2）垃圾邮件及时清理。现在垃圾邮件无孔不入，几天不清理邮箱，垃圾邮件就会积压很多，即使邮箱没有被盗，通过一些程序伪造的邮件地址也会出现在邮箱里。需要经常清理，不能嫌麻烦。

（3）警惕邮件里的病毒。很多电脑邮件里隐藏的病毒比女生想象的厉害，甚至图片都有可能有毒。没有专业的电脑网络知识，不要随意在电子邮箱里乱发邮件、乱接收邮件、乱转存邮件，务必要谨慎。

(4) 重要事情，最好电话确认。对于有疑虑或是不确定的邮件，最好直接和对方取得联系，得到证实后再接收或转发，否则可以直接选择彻底删除，以免发生意外。

(5) 网站咨询。如果发现邮箱里的各种邮件很多，自己闹不清楚什么是真的、什么是假的，可以与网站联系，请专业部门的人核实、确定。现在有垃圾邮件隔离软件，可以请专业人员下载一个，安装在自己的电脑里，有一定的效果。

对于利用银行诈骗的邮件更要注意，不要轻易相信，最好的办法是拨打银行电话询问，或向家长询问该怎么办。

4. 网上也要讲文明

少年女生的年龄小，心理发育不完全，有时无法控制自己的情绪，要特别当心。心理学认为，发泄实际上是寻找，或创造一种条件，或找机会自由表达被压抑的情绪，以达到放松与心理平衡的目的，从而才能更好地提高学习热情与效率。适度的发泄，不影响他人，无可厚非，但是如果过了头，问题就严重了。

刚刚升入初一的学生小凤一直想当班长，因为种种原因，没有如愿。她对新当选的女班长小毛很有意见，从心里瞧不起小毛。

为了学习方便，班里建立了 QQ 群，因为嫉妒班长小毛，她每天都上网，在班里的 QQ 群中骂班长，散布班长小毛的八卦……

同学们被小凤误导着，对新当选的班长小毛很有意见，班长小毛气得不想上学了，闹得班里的工作无法开展。老师知道此事后，找到小凤，严肃批评了她利用 QQ 空间对班长小毛造谣的错误做法。

（1）脑子要保持清醒，不能什么都在网上乱说，不能被别人利用或聒噪。女生一定要知道，网络是个开放的大空间、大世界，里面情况复杂，什么人都有。每个人站的角度不同，对事物的理解不同，文化也有差异，所以对同样的问题便有了不同的评价。一些不法或是别有用心的人会钻空子，煽风点火，唯恐天下不乱。

（2）文明用语，不要过激。女生们要知道人都有“两面性”，遇到问题或矛盾，都有想不开的时候，学习之余上网时，可以发发感触，可以说几句真实的话，但要适可而止，不可伤害他人，不能无中生有地诋毁他人，更不能散布危害社会的言论。虽然言论是自由的，但也是相对的，并不是想说什么就说什么，要对自己的言论负责。

（3）学会沟通，与人为善。遇到不顺心的事，特别是与同学有了矛盾，要学会积极、健康地沟通，不能采取极端的网上攻击，导致事态无法控制。

网络发泄不能涉及别人的名誉安全，不可进行人身攻击，不可乱编“八卦”，一旦触犯法律，要负法律责任，千万不要痛快了自己，影响了别人。

5. 下载软件

电脑网络中的不同软件一般都有相应的软件授权，软件的使用者必须有所使用软件的许可证，才能够合法使用软件。如果遇到了免费下载软件，要仔细查看免费说明，是不是有什么特别的规定，要谨慎，不能贪图便宜。

前些年的“熊猫烧香”病毒肆虐网络，它主要通过下载的文件传染，对计算机程序、系统破坏严重。被感染的用户系统中所有的可执行文件全部被改成熊猫举着三根香的模样。成千上万的电脑系统崩溃。一时间，大家对憨态可掬的“熊猫”视而不见，敬而远之。

小学6年级的小鱼因为写作文，需要在网络里查阅资料，看到了熊猫画面，喜欢得不得了，急忙打开，不小心中了“熊猫烧香”病毒，家里的电脑资料全部被毁掉，爸爸妈妈珍藏在电脑里的资料也被毁掉了。

（1）装好杀毒软件。对于不懂安全知识的女生，杀毒软件是最好的选择。自己的电脑要让家长购买正规的杀毒软件，不要贪图便宜，更不能大意。安装完杀毒软件后，记得将所有监控、防火墙打开，减少并阻断病毒进入电脑的途径。记住：经常给电脑杀毒。

（2）降低账户权限。女生平时用电脑时，使用的都是系统的管理员账户。隐藏病毒进入系统后就可以肆虐，因为权限够高。其实，女生可以新建一个用户级别权限的账户，平时上网查阅资料使用用户账户，需要安装软件时再运行管理员账户。这样即使感染病毒也没关系，因为病毒必定无法在用户权限中对系统关键设置进行修改。

（3）减少好奇心。好奇不是坏事，但是在下载软件的问题上，如果太好奇、太大意、太冒失了，会让电脑不小心中毒。下载一些稀奇古怪的软件，或是浏览特别的网页时，都有中毒的危险。因此，在下载软件时，为了降低中毒的概率，尽量少些好奇心吧！

平时尽量不要去小网站下载东西，不要乱点一些页面跳出来的小广告，不要轻易下载小网站的软件与程序，不要在线启动、阅读某些文件，否则你有可能成为网络病毒的传播者。

6. 网友的另外一面

现在网络普及了，女生对网络已经不陌生了，甚至已经离不开网络了，但是你们知道吗？虚拟的网络世界里会有形形色色的人出现，他们的出现总会怀有各自的目的，有好人、有坏人，你能区分开吗？在众多的网友中，谁才是好人呢？谁才是希望你好的那个人呢？一定要睁大眼睛，仔细鉴别。

初二的小咪喜欢上网，家里装了网线，小咪几乎离不开网络了。暑假的一天上午，她在自己的QQ里看到了一条求救信息，好奇地打开一看，自称是一个同学，说在外地参加活动，不小心丢了银行卡，让小咪帮个忙，先借200元钱救急，或微信转账200元。

开始，小咪有些疑虑，就给其他同学打电话求证。结果，不一会儿，同学们都回电话告诉她，那个同学是假的，因为小咪认识的同学虽然在外地，但是她的QQ号被盗了，是不法人员利用她的头像和号码进行诈骗。

（1）提高警惕，不能冒失。在网上玩时，如果遇到陌生人主动加你 QQ 好友，一定要三思，想一想安全不安全，有没有必要加，千万不要上当。

（2）不贪小便宜，不被人忽悠。现在网络上的广告非常多，有招兼职的、卖降价商品的、提供各种学习用品的……在没有确认真实性的前提下，对它们坚决说“不”。

（3）保管好自己的邮箱、QQ 号码，不要泄密。现在邮件“满天飞”，“黑客”也多，一些不法网站为了达到不可告人的秘密，采取各种方法往别人的邮箱里发邮件，如果女同学们发现自己的邮箱里收到一些莫名的邮件，特别是里面写着一些很诱人的信息时，千万不要被这些信息所迷惑。可以告诉家长，也可以告诉老师，积累经验，提高识别网络邮件真假的能力。

（4）把握原则，不能泄露自己、家庭的真实信息。网络里的另一头什么人都有，不要被另一头的人的花言巧语所蒙蔽，把自己的个人信息与家庭信息保护好，不能外泄。另外，邮箱里最好不储存自己与家庭的重要信息，以免被网络另一头的人窃走。

在网络上只要遇到先让你付钱，再教你赚钱的人，肯定就是一个“骗局”，不要相信，要提高警惕。

7. 未曾谋面的网友

女生喜欢交朋友，成长中都有属于自己的内心小秘密，每个女生的秘密又是不一样的。每个女生的秘密对自己来说都很重要，都不便与别人说，自己的秘密由自己来掌管，泄露出去就不是秘密了，而且容易引发严重后果。

初二学生小云性格内向，不太爱说话，但善于观察，什么都心里有数。她每天上网与网友交流，特别喜欢和一个网名叫“懂你”的网友聊天。前几天，小云在网上把一个小秘密告诉了叫“懂你”的网友，希望得到网友“懂你”的帮助。

秘密是关于家长的隐私。一次，她路过茶楼，看见爸爸和一个不认识的漂亮女子在一起亲密地喝茶，简直不敢相信自己的眼睛。她一直不敢对妈妈说，内心特别苦恼，只好把秘密告诉了网友——“懂你”。

网友说她认识私家侦探，可以帮忙调查，还把小云的电话号码、家庭地址、爸爸与妈妈的工作单位要走了。结果，闹出了很多麻烦，“懂你”把她们家搞得鸡犬不宁。

妈妈爸爸报警了，查出了“懂你”，知道事情的真相后，妈妈又气又爱，哭笑不得，告诉小云和爸爸在茶馆喝茶的女子既是爸爸的高中同学，也是妈妈的初中同学。本来约好一起商量同学聚会的事情，结果妈妈临时有事情先走了。听了妈妈的话，小云不好意思地低下头，再也不与“懂你”联系了。

（1）要认清网络与现实的关系。网络是虚拟世界，人与人之间互动是有限的，双方看不清真实面貌，对方是什么人，年龄多大，是男是女根本无法分清，所以，要提高警惕，学会分辨网友。

（2）保守秘密，提高警惕。对于网络上的“友人”要加强警惕性，不要轻易相信他们的花言巧语。自己的秘密不能说，自己家人的秘密也不能说，学校、同学、老师的情况更不能说出去，以免被“网友”利用。

（3）不宜在网上交“朋友”。少年女生的社会经历少，属于未成年阶段，网络的情况特别复杂，无法分清好坏，把握一个原则，不在网上交朋友，把精力用在学习上。孤独时，与同学多交往，与老师多谈心，多进行有意义的文体活动，业余生活充实了，就不会关注网上交朋友的事情了。

对于网络上的人或事，一定要保持高度警惕性，关于个人真实信息，或是与个人有利害关系，可能会产生影响的内容，不要在网络中向网友倾诉，必须知道保护自己个人隐私的重要性。

8. 网友的情网

女生们仔细想一想，在虚拟的网络世界里会有人对你嘘寒问暖吗？会有人对你关心备至、体贴入微吗？会有人比父母还关心你的活动吗？如果有，请睁大双眼辨别是非，别让甜言蜜语的糖衣炮弹把自己击中。

初二学生小美一直坚持练习舞蹈，身材柔美，气质极佳。暑假的一天，爸爸妈妈不在家，她独自一人在家上网，发现一个自称是初中生的“暖暖的帅男”。她对这个网名充满了期望，忽然，“暖暖的帅男”向她打招呼，说看着小美特别美，迷上她了，问她住在什么地方，家长在不在家？说来看望她，给她送冰激凌和巧克力，与她交个朋友。

小美被电脑里的“暖暖的帅男”迷住了，立刻告诉了她家的地址，还说家长不在家，说完，美滋滋地等待“暖暖的帅男”进家送冰激凌。1 小时后，“暖暖的帅男”敲门了，小美高兴地开了门，看见“暖暖的帅男”这么帅气，脑子都乱了。

“暖暖的帅男”彬彬有礼，递过来冰激凌和巧克力，小美感觉一股特殊的气味钻进鼻子，不一会儿，就失去了知觉，等苏醒后，发现家里被盗了。

（1）睁大眼睛，正确看待网络里的情与爱。在网络里一定要睁大眼睛，保持独立的自己，始终明白一个简单的道理，现实和网络是有很大差别的，情与爱的背后可能是巨大的陷阱，根本不是一回事。

（2）不能相信网络里的情与爱，躲得远远的。网络的另一方究竟在哪里，是什么人，年龄多大，无法了解、证实，所以，很多信息都不能当真，虚假的多。女生上网的主要目的是学习，而不是谈情说爱，要守住底线，未成年人没有到谈情说爱的时候，根本不能碰这个话题。

（3）学会分析问题。网络中，遇到说喜欢你、爱你的人，送东西给你的人要冷静。对方万一是骗子呢？万一是人贩子呢？万一是流氓呢？万一是同性恋者呢？万一有传染病呢？所以女生们要睁大眼睛，千万不要被网络上的“情与爱”所诱惑。

（4）提高警惕，遇事寻求家长和老师的帮助。万一被对方引诱进入了情网、爱河，不要执迷不悟，保持头脑清醒，把事情原原本本地告诉家长或老师，请他们帮助解决。

男骗子的特征：伪装成敢于担当、帅气、讲义气的老同学或邻居等，声称自己很有修养、很有钱、很大方，其下手对象常为不谙世事的女生。他们通常装大方、装体贴，骗取女生的信任。

9. 不要随意找微信朋友

微信方便了人与人之间的沟通和联系，但是交朋友还是要讲究原则的，和什么人交朋友，交什么样的朋友，女生们心里应该有数，不要随随便便，以免上当受骗。

小洁上了初中，在学校住宿，为了方便联络，爸爸给小洁买了手机。小洁开通了微信，加了100多个好友。当然有认识的，但更多是不认识的。

一天，她“摇”到一个陌生好友，谈了不久，这个好友就提出见面的要求。当小洁询问好友见面时间、地点时，对方选在了晚上10点以后的大桥上，小洁从来没听说过这个大桥，还要在车里见面。对方的诡秘和不合乎逻辑的见面方式，让小美多了几分清醒。她提高了警惕性，决定不去见面，果断将对方拉入黑名单。

安全处方

（1）微信里亦真亦假，提高警惕性。现在微信流行，女生们手机大都是智能手机，都有了微信朋友圈，不要盲目相信微信里的人和事，要对微信有一定的了解，不能依赖微信。最好从微信中走出来，和现实中的人交朋友。

（2）微信里，更需要区分好坏朋友。微信存在于虚拟世界中，说什么话的人都有，发什么图片的人都有，链接什么内容的人都有，甄别好坏朋友很难，不能凭感觉找朋友。

（3）坚持十个不联系原则。第一个原则，微信中说反动话的人不联系；第二个原则，微信中语言粗暴的人不联系；第三个原则，微信中散布谣言的人不联系；第四个原则，微信中与黄赌毒有关的人不联系；第五个原则，花言巧语的人不联系；第六个原则，微信中谈钱的人不联系；第七个原则，微信中与封建迷信联系的人不联系；第八个原则，微信中乱打听秘密的人不联系；第九个原则，微信中总是给你负能量的人不联系；第十个原则，微信中对你刨根问底的人不联系。

微信同样是网络，彼此间缺乏了解的人不能轻易交往。一旦微信朋友提出不合理要求，要果断拒绝，不给他人可乘之机。

10. 微信里的陷阱

利用微信平台进行宣传是现在自媒体时代的潮流，成本低，传播快，本无可厚非。但在信息繁杂的今天，个人也可以申请微信平台进行宣传，不排除有一些人通过这种方式设置陷阱，达到骗取女生的目的。

14 岁的小兰上初二了，有一次收到了同学发过来的微信链接，说帮忙投票，有大大的红包相送，小兰信以为真，立刻点击了网址，下载里面的投票软件。没想到，在下载的过程中，手机黑屏了，无法使用了，信息丢失了，她才明白手机中毒了。以后，小兰再也不敢点击转发投票、收红包之类的信息了。

（1）微信代购。一些不法商人，利用低价诱惑女生们上钩，再更改微信号地址，并时常盗图，展示出真货专柜、快递单等，将本人生活化，博得女生信任。还有一些不法商人，要求先付款，后发货，最终导致难退款的结果。女生们要提高警惕，最好找熟人购买物品，勿轻信陌生的微信代购，采取货到付款的方式进行交易。

（2）二维码。二维码本身存储一串文本，不会直接包含木马病毒，但可嵌入多个网址链接，自动跳转执行某网页，并下载病毒，可使黑客有机可乘：修改你账号，偷取你信息，窃取你钱财。女生们不能随意扫描陌生的二维码，最好在手机上安装二维码检测工具。这种工具会自动检测二维码中是否包含恶意网站、手机木马或恶意软件的下载链接等。若手机绑定银行卡，尽量不要在银行卡内放过多的钱，以免引发连锁损失。

(3) 盗号。狡猾的骗子经常盗用亲人身份、同学身份借钱，或帮充话费，女生们不能随意“摇”陌生人，必须提高警惕，一旦遇到对方提出汇款要求，一定要告诉家长，或通过打电话等方式确认其身份。

(4) 爱心。若非官方发布，诸如女童丢失、重症患者等消息多为话费诈骗，还有“灾区祈祷”等方式，实际是不法分子利用女生们的爱心与同情心，来达到其增加点击率、增加关注度的目的。若无法证实信息的真实性，请勿滥用你的同情心，因为一不小心，你就成了造谣者或传谣者了，严重时，你还可能构成犯罪呢。官方发布的“微信十条”也明确规定：只有两种公众号可发布、转载“时政新闻”，分别是新闻单位、新闻网站的公众号。

(5) 社交游戏。现在朋友圈里流行的测身份、算出轨概率等游戏受到追捧，女生们不要参与其中。这类网页制作简单，成本也低。且需要填写个人信息的网页，多数是为收集资料。这类网页往往连接着后台服务器，网友输入的信息会被存入专门的数据库中。接下来可能就会疯传一个测手机号码（QQ 号）吉凶的测试，然后就有了你的手机号码，再接下来搜索一下你的微信号，你的信息就全部都暴露出去了。女生们要睁大眼睛，遇到诸如要你输入个人姓名、性别、地址、头像等涉及个人信息的测试，坚决不参与，以防泄露信息。

(6) 公众账号。对于各类公众账号都要提高警惕，擦亮双眼，多方求证真伪，尤其不要随意进行网上交易。

(7) 集赞。以销售贵重礼品、免费旅游等为诱饵集赞，再骗取缴纳“邮费”“定金”等费用诈骗。必须核实卖家身份，遇到商家发布的“点赞”信息，不透露商家的具体位置，只写着电话通知，要求参与者将自己的电话和姓名发到微信平台，往往不可靠。另外，礼品价格超过1000元的往往也不可靠。预防霸王条款，如“活动的最终解释权归本公司所有”“活动名额人满为止”“活动奖品数量有限，赠完为止”等，这些都是霸王条款，带有这样字样的商家活动，最好不要参加，以防受骗。

诈骗的目的无非是骗钱、骗色，女生要保住底线，凡是涉及与钱财、个人身份信息等有关的内容，不要轻易泄露和相信。

11. 微信朋友圈可靠吗

“朋友圈”最大的特点在于分享，既可以分享各自的心情和生活状态，也可以分享各种信息、文字及对生活的看法和见解等，当然，还可以相互点赞。这种精神层面的沟通，使现实生活得到了延伸，也大大丰富了信息量，拓展了女生的眼界。任何事情都有正反两面，要注意微信朋友圈的另外一面。

小艾上初一了，她最近觉得自己眼睛不舒服，在网上看到了能保护眼睛的蓝屏手机膜，很想换一下，缓解自己的眼疲劳。当她在朋友圈里发表了自己的想法后，收到了好多朋友圈里转发给她的链接。她没有仔细看，随便点开了链接，结果手机中了病毒，只能送去维修了，耽误了很多事。

安全处方

（1）遇到无法辨别的信息，应先看出处、来源。通常，文章结尾处会署名或标明来源，而谣言尽管“态度坚定”，但一般未标注具体时间和来源，习惯用“昨天”“今天”等模糊概念，女生们要擦亮眼睛，识别真假。

（2）不轻易转发或表态。网友的情况复杂，发布一些消息时，容易以偏概全、断章取义或博取眼球，要格外警惕。当有些网友的消息真假难辨时，可以在网上搜索是否有类似信息出现过，多点考证，才能正确判断。

（3）不宜随意打开链接。朋友圈里的网友多、链接多，面对广泛传播的各类链接，女生们切忌轻易点击。一是容易中病毒；二是容易泄露信息；三是容易被引诱；四是瞎耽误工夫，影响学习。

（4）远离没有责任的微信朋友圈。圈内经常能看到一些不负责任的朋友发布或转发的信息，如“微波炉辐射会致癌”“黄瓜都是转基因的”“××小学门口有人贩子”“××事件你不知道的真相”等。朋友圈里诸多虚假的“生活常识”和“惊悚消息”，有些属于误导性的假知识，有些则容易造成恐慌，扰乱公共秩序，女生们要明辨是非，不能陷入微信朋友圈的旋涡中。

(5) 不要迷恋其中。其实，微信无论多么方便，也解决不了女生内心的真正需求，微信朋友圈的交流深度根本无法与面对面的人与人之间的交流深度相比，所以，女生们不能太过依赖微信朋友圈。人与人之间还要多些面对面的交流，这才是真实可靠的。

现代科技让沟通更加便利，但对“朋友圈”这样的社交工具，既不能过于依赖，更不能沉溺其中，以至忽视了人与人之间的直接交流。归根到底，“朋友圈”只是人们之间一种沟通、联系的新方式。随着移动互联网的不断发展，未来肯定还会有更多、更新的网络社交工具出现。无论是什么样的工具，终究只能是“工具”，少年女生在杂乱的信息面前，应保持一份清醒、一份定力、一份理智与聪慧。

12. 看微信要当心

微信是很多女生手机上必备的软件，作为新时代的交友工具，它独具“查找附近用户”的功能，一般可以查 1000 米以内同时用手机登录玩微信的网友，并通过“打招呼”的方式与对方结识，既可聊天，又可发语音、发图片、视频聊天，且又相当保护隐私。网络的虚拟性，满足了女生们的好奇心、虚荣心与满足心。但是，女生们知道吗？看微信不当，也会发生意外。

初中同学笑笑，最大的业余爱好就是玩微信。放假的第一天，她和以前小学的几个要好的同学相约到商城喝下午茶。由于对商城地形不是很熟悉，笑笑边走边给同学们发送自己的定位，方便大家实时为她指路。

先到了商城的同学给笑笑发来了自拍照，笑笑乐此不疲地低头看微信照片和信息，完全没有留意道路情况。此时已经是红灯了，所有的车辆都停下来了，行人也已经驻足了，只有她低头沉浸在和同学的微信互动中。

“滴滴……”一辆正常转弯的公交车冲过来，瞬间将还在低头看微信的笑笑撞倒。危急时刻，路人、交警赶来，拨打了120急救电话。经过抢救，笑笑的生命暂时脱离了危险，但是因为受伤严重，需要住院治疗。

（1）人身安全最重要，这是“红”线。看手机微信可以，但是走路时、坐车时、在拥挤的车厢中，严禁看手机微信，无数血的教训历历在目，生命安全第一。

（2）遵守公共道德，不骚扰别人。微信的优势就是随时随地可以看，但是要分时间、地点、场合，不能想什么时候看就什么时候看，影响别人的生活时也不要看。安静的场合，要把微信设置为静音。需要保密的微信，就不要使用语音。需要删除的微信，要及时删除。

（3）加强安全意识，避免麻痹大意。看微信也要注意保密，如果随意拿出来看、听，不注意身边的人是否偷听、偷看，可能会泄露机密，引发祸端。

最好给自己制定看微信的时间和场所，不能无节制地看微信，其实，很多微信内容没有什么价值，只是浪费时间，刺激情绪。

13. 不要随意转发不良信息

对于各种网络信息，女生要有甄别判断的能力，不良的信息转发不仅仅是随手一点那么简单，未经核实的信息转发后，有时还需要承担相应的法律后果，要保持清醒的头脑。

初二学生小萌在微信上拥有几百位好友。其中，一位好友在推销铅笔、圆珠笔，还在群中发了一个微信红包，小萌抢了一个红包：0.5 元。随后，好友就说这是广告红包，抢到的要帮忙转发铅笔与圆珠笔广告。小萌随手就将广告转发到了朋友圈。微信好友看到广告后，觉得不错，就买回来使用。哪料到，铅笔是三无产品，接触后皮肤容易过敏，购买的人说是看到小萌转发的广告才购买的铅笔、圆珠笔，要小萌承担责任。为了这事，小萌受到了惊吓，好长时间无法集中精力学习。

安全处方

（1）讲诚信，有道德，守好底线。在网络世界中，女生们要自觉规范自己的行为，发现虚假广告、信息、事件后，不但自己不相信，更不要随意传播。不能冒失，更不能顺手操作。

（2）认清转发的严重后果。如果转发的广告内容货真价实，就没问题。如果在朋友圈中看到虚假广告，比如夸大某个医疗产品的功效，或者谎称产品获得了某项专利等，遇到类似的情况后，要多思考，不要随便转发，否则将承担相关的法律责任。如果是关于社会事件的负面消息，在不了解真相的情况下，随意转发，会引发“蝴蝶”效应，后果很严重。

（3）弘扬主旋律。学生以学为主，爱国、爱社会、爱民族是根本的大事，只要是官方的、带有正能量的消息，可以多转发，真正把积极的、充满正能量的人与事宣传出去。

紧急提示

现在很多骗子经常利用微信转发诈骗，女生们要特别当心。如：小孩走失，小孩急病，星座好运，今天是什么儿子节、女儿节、老公节、老婆节、爸爸节、妈妈节、兄弟姐妹节、朋友节等，求转发，要保持清醒，虚假的多，并且带有诈骗性质，千万要当心，避免被骗。

四、校外活动

1. 身后的尾巴

生活中，有陌生人尾随和搭讪的事情我们是不希望发生的，但各种潜在的危险是不会因我们的愿望而改变的。女生们应时刻保持警惕，遇事沉着冷静，积极灵活应对陌生人的尾随，远离搭讪之人，认真学习，不断提高个人素质。

女生们要养成严谨的处事风格，平时不能马马虎虎，牢记古人说的一句话："害人之心不可有，防人之心不可无。"

小莉 15 岁了，是位青春靓丽的初中女生。她学习成绩优秀，业余爱好广泛，兼职平面模特。

元旦前夕，学校组织开联谊会，小莉和模特队的同学们上了舞台，登台表演助兴。演出结束后，一脸浓妆的小莉觉得学校离家不远就没有卸妆，直接出了校门回家。迎面遇到两个 20 岁左右的男人，小莉觉得他们看自己的眼光有些不对，就留心了。双方擦肩而过后，小莉隐约觉得有人跟随她，一看果然是刚才那两个男人。眼看要到家了，小莉急中生智，没有往家里走，而是拐到了离家不远的一个小超市里，因为她认识开超市的爷爷。见到了爷爷，急忙说明情况，爷爷陪伴着她，她一直在超市里等到妈妈下班回来。

安全处方

（1）学会观察，初步判断。首先确定是否被尾随，注意观察周围环境和人员。无论自己怎么走，即使采取相反的路线走，仍然有尾随人员，便可以断定自己被尾随了。

（2）保持镇定，向安全地域走。尽可能向人多的地方走，比如商场、超市、银行、小区门口、警务工作站、门卫等，寻找时机，大声呼喊，引起人们的注意，也可以向保安或工作人员说明情况，说明被尾随了，寻求他们的帮助。如果行走的地域复杂，要经常变换行走的时间、地点、路线，甚至需要改换服装与发型等，尽量不形成规律性的行走。进入楼门前，回头观察一下，不要把“狼”引入门中。

（3）寻找探头，留下影像。目前随着“天网”的普及和公共设施的健全，很多路段都有监控设施，尽可能让自己处于监控范围内，在相对安全的范围内进行周旋，给民警保留证据。

（4）不单独出行。少年女生年龄小，如果必须要去往不熟悉或是偏僻的地方，或是晚间行动，尽量和同学伙伴们结伴而行，相互保护好，随时与家长、老师保持良好的畅通联络。出门前，告诉家长、老师去什么地方了，什么时间返回，与谁同行等。

（5）穿衣服有讲究。女生一个人出门，要注意自己的仪表，穿着打扮要得体、大方，符合自己的年龄段。尽量避免过分暴露身体，以免给不法之人留下可乘之机。

（6）及时报警，或是给家长、老师打电话。如果感觉尾随人有侵害的举动，及时打电话报警，报警时，头脑清醒，不能语无伦次，要先说地点再说危险。因为地点位置很重要，否则说不清地点会耽误营救时间。如果有智能手机，可以开启 GPS 定位系统，更方便警方及家人、老师寻找。

（7）正当防卫。少年女生们外出时，可以准备点喷雾剂，防“狼”剂等一些“武器”，关键时刻用得上。业余时间，可以练点防身搏击术，一举两得。

平时加强防备，有一定的准备，提前在心理上给自己多“上上课”，有备无患、未雨绸缪。

2. 交通安全

交通安全是个老生常谈的话题了，女生应该都了解、都清楚。然而，越是了解、越是清楚，女生越容易放松安全意识，当一例例本可以避免的交通事故发生时，少年女生是否会想过自己的交通安全问题呢？

初春的早上，初中一年级的小雯出门晚了，担心上学迟到，急着出门跑着上学校。路过一个路口时，没有观察道路、车辆情况，低头便跑。眼看就要过去了，一辆摩托车开来，撞倒了小雯。车主赶紧拨打 120 急救电话，经抢救，小雯虽然暂时脱离了危险，但还是有些轻度昏迷。她的眼睛、牙齿、头部都被强大的冲击力撞伤了，大概用了半年时间才恢复好，为此耽误了功课，不得不降级。

（1）遵守铁的纪律，绝对不拿生命当儿戏。女生务必牢记交通安全这四个字，自觉遵守交通规则，坚决不在机动车道、非机动车道、铁路交叉口、过街天桥、地下通道内打闹、猛跑、玩球等。过马路时，走斑马线，不闯红灯。过铁道口，要观察火车通过情况，不能翻越栅栏，硬闯铁道口。精力要集中，不能在马路上看手机、玩微信，坚决不做“低头族”。

（2）遵守乘车规定，不违规。女生乘公共交通工具外出时，要自觉遵守规定，不拥挤、不抢上抢下，不携带易燃、易爆、强腐蚀性等违禁物品，不在车上打闹，以安全姿势站好或坐好，集中精力，不仅要对自己的生命安全负责，更要对别人的生命安全负责。

（3）遇到突发事故保持冷静，不慌乱。如果所乘的车辆发生了交通事故，要镇定，不慌乱，坚决听从司乘人员指挥，按照秩序撤离。发生了交通事故，如果只有自己被困在所乘的车辆中时，机智果断，不能只是哭，可击碎车窗玻璃逃生。逃离车辆后，要远离事故发生地点，迅速报警或拦截路人请求救助。

（4）熟记并正确使用各种求助与报警电话。遇到交通事故，立刻报警，或叫救护车。最好使用普通电话、投币电话、磁卡电话，拨打110、119、120、122（均为免费服务号码）时，直接拿起话筒即可拨通。使用手机报警时，也可直接拨打相应的号码。

拨打电话求助或报警时，要报出自己的姓名、地点，说清楚现场情况，不要慌乱。

交通事故猛于虎，女生要特别牢记在心中，一点的马虎，就会酿成大祸，追悔莫及。

3. 水上安全

有资料证实，溺水死亡是中小学生非正常死亡的头号杀手，女生要引起足够的重视。每年的媒体新闻中，都能看到有中小学生溺亡的消息，十分痛心。

暑假，初二女学生小画在河边抓蝌蚪，不慎掉入深水中，因为体力不支，发生了溺水，挥手喊救命。岸上的几名同学见状，立刻跳入水中施救，导致3人一起落入河中，发生了不可挽回的悲剧。

悲剧背后，人们会发现一个不容忽视的问题，一人落水，多人施救，但结果却变成一人落水，多人溺亡的悲剧。值得女生深思。

其实，如果当时3个岸上的同学各自把衣服脱下来，裤腰带解下来，连接成绳子，能安全顺利地把落水的小画拉上来。

(1) 牢记原则，远离危险水域。夏天，无论河里的水多么清澈、透明，女生都不能私自外出去河里游泳，这是安全“红”线，不能超越。外出遇到河水时，站在河边看看即可，不能麻痹大意，更不能逞能下水玩。如果发现河边有小虾、小鱼、小蝌蚪等，不要下水抓，以免发生塌陷。遇到漂亮的桥梁时，不要只顾站在桥梁上拍照或观景，一定要注意四周的安全。

(2) 保持镇定，科学逃生。乘坐轮船时，一旦发生危险，要保持冷静，大声呼救，遵照船主的指挥，不能乱跑、乱闹、乱跳水。如果当时情况不严重，有空余时间，可以拨打报警电话，说明轮船出事的地点、大概情况等。落水后，全身放松，最好借助木板、水桶、塑料袋等简易救生物品，延长在水面上漂浮的时间，以最少的体力维持最长时间的生存，耐心等待救援。落水前，可以充分利用自己的衣裤制作简易救生衣。方法是：将裤管末端绑在一起套在颈部，入水时上臂贴紧身体，双手将裤腰撑开再跳入水中，裤管会充气，形成救生气囊，增加身体浮力。过桥时，一旦落水，不要紧张，入水瞬间憋一口气，入水后，头仰起来，双臂向上伸展，使身体向上浮起。在水中遇到水草杂物时，一定要远离，以免被缠绕。呛水时，保持平稳姿势，最好憋一下气，等情况缓解了，再正常呼吸，以免连续呛水。发现水中不明物体，不要接近，最好远离。

(3) 安全施救，保证生命安全。发现有人溺水，如果自己不会水，不能冒失进入水中救人，要及时呼救路人，帮助救人。如果身边没有路人，可立刻打电话报警。如果落水者的位置距离岸边不远，可以找木棍、绳子把落水者拉上来。可以解下腰带，脱下衣服，当成绳子用，让落水者抓住，拉上岸。如果你水性好的话，施救时，从后侧接近落水者，拉着落水者的腰，以侧蛙泳的姿势，尽快上岸。注意千万不能正面接近落水者，以免被落水者缠住，双双发生意外。

水上救生的基本原则是救援者自身安全最重要，岸上救生优于下水救生，器材救生优于徒手救生，团队救生优于单人救生。

4. 滑冰安全

滑冰是很多女生喜欢的一项运动，但是滑冰的时候，危险也伴随在身边，如果不注意的话，就会发生意外。所以，滑冰时，需要女生们自觉遵守安全规定，确保人身安全。

寒假到了，13 岁的小雨家门口的一条小河结冰了，她拿出滑冰鞋，没有告诉家长，悄悄出门，快乐地在冰上滑。滑了一会，觉得河边场地小，施展不开，滑得不过瘾，逐渐滑向了冰面深处。

正滑得起兴，“咔嚓”一声，冰面发出异常响声，她却没有注意，继续滑冰，不想冰层瞬间裂开，人与冰车一起掉进冰洞里，十分危险。幸亏被路人发现，把她救了上来，冻得她感冒发烧，年也没有过好。

安全处方

（1）去正规滑冰场，不去野冰场。滑冰是一项很好的体育运动，多数女生都喜欢滑冰，不要贪图便宜，或为了省钱，去野冰场滑冰，应该去正规的、安全有保证的冰场滑冰，自觉遵守滑冰场的规定，不逞能、不打闹、不违规。

（2）装备、保护装置与设备要齐全，不能凑合。穿冰鞋时，前两三个扣眼的鞋带可稍松，后面的鞋带要系紧，脚腕在鞋里不晃动为合适。身上不要带硬器，如钥匙、小刀、手机等，以免摔倒后扎伤自己。服装厚度、松紧度以不妨碍运动为宜，戴好手套，以免摔倒时擦伤皮肤。为了安全，可以戴护具。

（3）中规中矩，不逞能、不玩花样。滑行中尽量避免互相牵手，以免一起摔倒，造成伤害。不要在其他初学者身边做花样动作，或擦肩而过，以免他人受到惊吓摔倒，引起你和他人受伤。遵守滑冰场规定，不能在人员密集的地方和他人比赛、较劲、斗气等。

（4）规避风险，学会保护自己。滑冰时，互相碰撞在所难免，一旦遇到不可避免的冲撞，要侧身、屈体，逐渐减速，灵巧躲避，避免正向冲撞，保护好头部和胸部，双方接触的瞬间，迅速伸手缓冲撞击。

（5）眼观六路，耳听八方。滑冰时，不能滑“疯”了，要提高警惕，随时观察冰面情况，随时听冰层的声音，如果看到或听到冰面异常，应该立即采取保护措施，马上反转，离开危险地域。

绝对不要长时间躺在冰面上或者坐在冰面上，因为别人滑行时，冰刀可能会戳到你的躯干和头部，造成严重伤害。

5. 街头道路体育锻炼

女生锻炼身体是件好事情，但一定要注意场合，生命安全第一，不能随心所欲，想在什么地方锻炼就在什么地方锻炼。街道上人来人往，马路上汽车多，一定不能在人行道上、马路上锻炼，这是原则，不要逞能。

放学路上，小学 5 年级的小羽和同学小衿在人行道上打羽毛球。小羽挥拍时，方向不准，羽毛球飞向马路上空，一辆摩托车正好开来，羽毛球砸在驾驶员的眼睛上，摩托车驾驶员受到惊吓，精神紧张，导致摩托车失去了控制，冲出马路，撞上了路边的树，驾驶员受了轻伤。

警察叔叔赶来，对小羽和小衿进行了批评教育，责成家长负责赔偿摩托车驾驶员的医疗费和修车费。

（1）自觉遵守公共秩序，不做害人害己的事。人行道是供人们走路用的公共设施，不是供学生体育锻炼的地方，应该明白这个基本道理，不能违反规定，以免伤了行人。另外，行人中什么人都有，如老人、孩子、病人等，万一伤了对方，害人害己，家长还要赔付医疗费。马路是汽车行驶的专用道路，绝对不能在马路上进行游戏、玩耍和锻炼，一旦发生危险，后果严重。

（2）管住自己的腿，守住安全这根“红”线。无论什么情况，都要守住安全“红”线，不能为了自己一时的快乐，放任自己的行为，要知道任何事故的发生都有其必然性，不能存有侥幸心理。女生进行体育锻炼是好事，但要去正规的场所，或是在安全的地域中进行。

（3）时刻保持警惕，不能粗心大意。有的女生喜欢在路边进行体育活动，如跳绳、踢沙包、转呼啦圈、做广播体操、健步走、跑步等，也不可掉以轻心，要观察道路情况，对人员、宠物做到心中有数，因为有时候你不伤害别人，别人会来伤害你。

体育锻炼需要有安全意识，遵守相关的规章制度很重要，不能乱来，更不能损人利己，侵占公共场地。体育锻炼，不仅在于育体，也在于育心。

6. 参加文艺活动

文艺活动包括唱歌、跳舞、舞台表演、各种展览、庙会、书画展、时装秀等，因为其种类多样，接地气，深受女生的喜爱。

新年即将到来，某地组织演唱会。场地人很多，电线、灯光、器材很乱，初中一年级女学生小苗钻进了演出现场，专心听演唱会。由于意外断电，人群乱了，小苗跟着人群乱跑，最后被人群踩倒，受了伤，住进医院，影响了学习。

（1）自觉遵守规定，不犯自由主义。按顺序进入现场，服从现场工作人员的管理，不要拥挤，更不要推搡，确保现场秩序，做个文明学生。

（2）听从指挥，积极配合。当入场人数超员时，要理解组织者，配合管理人员完成疏导工作，接受暂时控制入场的间隔，或分时段入场的办法，不逞能，不硬闯，不能使性子，更不能乱骂或起哄。

（3）选择安全位置，不在敏感地段停留。进场后，注意观察，会场一般会有许多紧急疏散标志，不要在堵塞紧急疏散标志的位置活动，也不要聚集在这些位置附近说笑、打闹，以免造成疏散通道的堵塞。

（4）夜间要谨慎，保持头脑清醒。女生们夜间参加文艺活动时，尽量不要在灯光昏暗的区域停留，以免出现问题，由于光线不好，容易造成心理恐慌。不要与大人分开，在光线明亮的位置比较安全。单独去卫生间时，注意来回路线，不要走错位置，万一与家长分离，及时告知现场工作人员，请他们帮助寻找。

(5) 保持镇定，听从指挥。文艺活动现场一旦发生意外事故，女生们不要惊慌失措，更不要现场聚集围观，保持镇定，远离电线、电器、设备与灯光，要在现场公安民警或工作人员的指挥下有序撤离，同时注意收听现场疏散的广播提示，不能自乱阵脚。

观看文艺会演，要服从指挥，不要追星，不要拥上前后台，没有经过允许，不得以任何形式进入前后台，以免造成严重后果。

7. 参观体育比赛

女生们大都喜欢体育活动，喜欢看竞技场上运动员的精彩表现，观看或为体育比赛服务的同时，要注意安全，不能疏忽大意，以免受到伤害。

某地两所初中学校进行排球比赛。赛场上，运动员们个个勇猛善战，发球、接球、二传、扣杀……

拉拉队的同学们也忙着为各自的球队加

油助兴，女生小峥作为比赛工作人员，在赛场周边帮忙捡发排球、收拾现场杂物等。

双方交换场地，比赛继续开始，工作人员及时退到场外了，小峥因为接电话耽误了退出。这时候，一记扣球狠狠砸到场外的护栏，反弹后恰巧砸中了小峥的后背，一个趔趄，她摔倒在地，牙齿磕到了护栏。经过检查，小峥的门牙掉了半颗，最后花了10000多元钱补种了一颗完整的牙齿，否则就“毁容”了。

(1) 做文明观众，不犯自由主义。按时进场、退场，服从现场工作人员的管理，对号入座。入座后，不要吃东西，不要喝啤酒，不要乱走动，不要拥挤，不要打闹，不要大声喧哗，不要无所顾忌地拍照，要遵守现场规定。

(2) 保持安静，专心观看，安全第一。运动场上需要安静，要专心观看运动员比赛，管住自己的手、脚，不向场内扔、踢东西，以免干扰比赛，甚至造成严重后果。观看时，要注意场内的运动器材会不会“飞”出来，以便及时躲避。

(3) 尊重人，嘴下留情。尊重运动员、遵守赛场的规章制度，尊重裁判和工作人员的组织与劳动，无论喜欢哪位球星、哪个队，都要保持一颗平常心，无论输了还是赢了，无论判罚得对还是错，都不要起哄、不要骂人，你的尊重与理解，就是对他们最大的支持。

(4) 尽量不走动，避免走失。运动比赛现场很乱，中间休息时最好不走动，不与家人或同学分离，万一与家人或同学分离了，要稳住情绪，找个安全位置，慢慢寻找，不能东找西找，交叉乱跑。可以通过手机联系，可以通过现场服务人员寻找。

参观体育比赛时，控制自己的行为很重要，要以服从现场规定为原则，不逞能、不乱来。

8. 自创游戏

游戏可以开阔女生的视野，放松心情，开发智力，增加友谊。同时，游戏也是发泄情绪的好方法。女生自己开发智力游戏时，要本着有利于团结、规则、合作精神、积极向上、人际交往、心理素质等原则进行，这对于提高女生的个人素质非常有意义。

暑假，8 岁的小禾来到姥姥家小住几天。邻居家的 8 岁女孩小丽拿来镰刀，邀请她出去玩“割草”游戏。小禾没有使用过镰刀，不小心割伤了小腿，鲜血直流，惊恐万分，急忙呼喊妈妈。

妈妈赶紧带小禾去了医院，医生立刻止血，严肃地说太危险了，动脉血管破了，幸亏妈妈用手压止血，否则后果不堪设想。

（1）安全是根本。女生自创游戏时，无论多么刺激、好玩，首先要考虑安全性、可行性与健康性，不能不计后果，只图一时玩得痛快，埋下隐患。

（2）知道约束、知道适可而止。对于安全性不确定的游戏要学会约束，及时终止，不能过度游戏，防止发生不可挽回的悲剧。

（3）选择安全场所，避免危及别人。如果自创游戏需要场地，游戏本身使用的物件、器具、工具有一定的投射距离与杀伤力时，应该远离公路、铁路、建筑工地、工厂的生产区、住宅小区，以免造成误伤。玩时，不要进入枯井、地窖、防空设施内，要避开变压器、高压电线，不要攀爬水塔、电线杆、屋顶、高墙，不要靠近深湖、潭、河、坑、水井、粪坑、沼气池等。

（4）选择安全的游戏来做。女生要知道生命安全重于山，生命安全比什么都重要。玩自创游戏时，避免危险性强的动作，不使用具有危险性的工具与器械，不要模仿电影、电视中的危险镜头，如扒乘车辆、攀爬高大建筑物、用刀棍等互相打斗、用砖石等互相投掷、点燃树枝废纸等，这样玩游戏的危险性很大，容易造成预料不到的后果。

（5）要选择合适的时间玩。女生们玩游戏时，应有时间观念，一是选择合适的时间段，不要选择中午大家休息时玩，以免影响他人午休；二是不要选择夜间玩，以免因视线不好，发生意外伤害；三是时间长短要把握好，半小时为宜，不能没完没了地玩，因为学生以学为主，不要忽视了学习的大事。

自创游戏要有科学含量，突出知识、趣味、友谊、文明、健康与环保，不要都是刺激的、冒险的、打打杀杀的。

9. 头顶上的“灾难”

对于所有玩过 CS 的人而言，都知道有一条保命的原则就是顺着墙根走，这样可以降低受到伤害的概率。生活中有没有这样的“保命”原则呢？特别是随着现在城市建设，住房在增多、增高的现实情况下，随处可见的高楼已经不怎么吸引路人的目光了。目前，大多数的女生都已经住进了高楼里，想过没有，有时候想不到的灾祸会从天而降呢？

一天下午放学的路上，四年级的小晴被拖鞋砸伤了眼睛，事情的经过是这样的。下午放学后，小晴与同学们一起认真打扫好了教室卫生，着急地走在回家的路上，因为她的脑子里想着电视动画片的事呢。经过一处高层居民楼时，没有注意楼上情况，被楼上掉下来的一只拖鞋砸到了眼睛，鲜血直流。很快，楼上的阿姨跑下来带着小晴去医院进行了治疗。

医生说伤到的是眼角，差 1 厘米就伤到眼睛了，若伤到眼睛，后果不堪设想。原来，住在 6 楼的阿姨家，两个写作业的姐弟发生了矛盾，吵了起来，弟弟生姐姐的气，脱下拖鞋，用力扔出了窗外，偏巧这时小晴从楼下经过，不幸被砸中。

（1）上下学的路线选择好，不要顺着高楼的墙根走。上下学时，经常穿越楼群，要走中间宽敞的正规道路，不要走高楼边的小路。在高楼群中走路时，要注意观察四周与上面的情况，不能只顾低头行走。

（2）养成观察的好习惯。进入高大建筑物群时，要学会观察，看看有无危险的物体悬挂高处，有无坠落的危险，特别是花瓶、晾晒的鞋子、鸟笼子、空调换气外挂机、防护栏、巨大广告牌等。观察时，注意危险提示，一般经常坠物的路段，人们会贴有警示牌等标志，注意查看绕行。

（3）生活中，时时提醒自己空中也有危险，会随时降临。学习时、游玩时、聊天时、散步时、溜宠物时，一定要注意头顶安全，不要靠近高大建筑物，找一处空旷的地域活动，确保不被空中来的异物袭击。

（4）特殊天气更要注意安全。女生们上下学遇到特殊的天气时，特别是刮大风、下大雨时，最好等待一会，雨过去了，风停了，再走也不迟。如果顶风冒雨走出去，此时正是高空坠物的频繁阶段，危险性很大。

一个鸡蛋从8楼丢下，可以砸人一个包，如果从18楼丢下，可以砸开脑壳，如果从28楼丢下，就可以使人丧命。这绝不是耸人听闻。

10. 脚下的"陷阱"

人们常说路在脚下这句话，可是随着城市建设的发展，走路时，是否留意过自己脚下的路有哪些变化？存在哪些危险呢？

暑假的一天，下起了大雨。马路积水多，无法看清道路。11岁的女生小爽被雨堵在超市里，雨小了，她着急回家看电视动画片，过被水淹没的马路时，脚踩在下水井盖上，半个身子掉了进去，脚扭伤了，吓得全身哆嗦。幸亏被一个路人拉了上来，把她送回家，休养了半个月。

(1) 养成观察路面的好习惯。女生上下学需要走路，外出活动需要走路，应睁大眼睛，注意观察路面情况，因为脚下随时可能遇到危险。有时上午路面还好，下午就出现了深坑，特别要引起警觉。

（2）集中精力，不一心二用。行走时，注意力要集中，不能低头看书报，或看手机、吃东西。记住一句话，走路不看景，看景不走路。发现路面上的钉子、碎玻璃、坚硬的石头，早早远离，不要踩踏。

（3）宁走十步远，不冒一步险。女生外出遇到危险的路面时，特别是发现裸露的下水井，低洼的泥坑，塌陷的水泥路，自来水管道下陷的深坑，敞开的热水管道井、煤气管道坑等，务必绕行，不能攀爬或跳跃。

近年来，下雨后行人不慎坠入井盖事故频发，下雨后，雨水淹没了马路与人行道路时，一定要谨慎小心，尽量绕行，以免发生危险。

11. 街边的小吃

街边的小吃由于缺乏监管，少数小商小贩为了经济利益，所加工出售的食品大多达不到卫生标准。除了食物的卫生外，从业人员的身体健康问题也存在着隐患。女生正值身体迅速生长期，为了健康成长，必须自觉抵制不卫生的食物，把住“病从口入”这一关。

防腐剂？农药？卫生？

「街边的小吃」

下了晚自习，初一女生小米快速跑出来，来到街头“麻辣烫”摊位前，买了20多串，狼吞虎咽地吃了下去。

当时，小米感觉味道有点酸，但是因为太饿了，也没在意。谁想，回到家以后，感到肚子疼，开始一趟一趟往厕所里跑，拉肚子了。一宿都没有睡好觉，早晨头晕恶心，全身无力，爸爸赶紧带小米来到医院，医生说小米是吃了变质的“麻辣烫”，得了急性肠胃炎。

（1）管住嘴。很多女生喜欢吃零食，要知道吃零食最重要的是食品安全卫生，身体健康最重要，不能为了吃零食，而伤害了身体健康。外出遇到街道上的小摊小贩卖食品时，不要贸然购买，看看有无卫生许可证，看看有无健康证，看看食物有无变质，闻闻食物有无异味，对于可疑的食品坚决不买。

（2）不给小摊小贩机会。有些不法商贩，为了逃避监管，为了牟取暴利，在食材原料和人员卫生健康的问题上没有保证。女生要管住嘴，坚持以不买为原则，相信如果大家都不买，这些小摊小贩也就没有市场了。

（3）养成饮食的好习惯。为了健康，女生平时最好不要吃零食，按时吃饭，按时喝水，坚持在家吃，在学校吃，也许食堂或家里的饭菜吃久了，可能不合你的口味了，但相比外面，还是更卫生、更安全、更可靠。

（4）拒绝劝。女生们上下学经常走在一起，无论同学买什么小吃，都要学会拒绝，找借口不吃。外出时，最好不带零钱，以免被小商贩“忽悠”了。

要保持清醒的头脑，遇到大街上的小食品，时刻问自己：食品卫生吗？安全吗？卖东西的人身体健康吗？

12. 发现病人求救

生活中会经常遇到意料之外的事情，茫茫人海中，上下学的路上有病人呼救，是视而不见，还是伸出援手，予以帮助呢？女生们要深思。

女生小梅上了初中后，每天都要坐 2 站地铁。周五下午放学后，小梅和往常一样来到地铁站口，看到一位上了年纪的爷爷躺在地上，吃力地向小梅摆手。

开始，小梅以为是流浪人员乞讨钱和食物呢。但是，仔细一看，发现爷爷穿着整齐，不像是流浪人员。小梅急忙靠近爷爷，主动和爷爷说话。

爷爷吃力地指着自己的胸口，表情痛苦的样子。小梅意识到一定是爷爷病了，向自己求救呢。于是，小梅蹲下身，想让爷爷坐起来，爷爷还是摆手捂胸。小梅顺着爷爷的手，摸到了爷爷内衣兜里的一个小葫芦瓶——速效救心丸，赶紧倒出了几粒，给爷爷放到嘴里。过了一会儿，爷爷恢复了一些，让小梅帮忙联系了家人。家人立刻叫来了120救护车，爷爷得救了。

（1）争分夺秒，在自己的能力范围内，正确行动。看见病人求救后，立刻在大脑中闪现出“人命关天”这四个字，不要躲避，要保持安全距离，第一时间报警，或拨打120急救电话。

（2）呼喊路人帮助。报警或叫了救护车之后，立刻查看周边环境，寻求更多人的关注，人多办法多。因为少年女生是未成年人，只能干点力所能及的事，由于不懂急救知识，不能强行施救。

（3）不能冒失靠近病人。病人的情况复杂，是不是急症、是不是传染病等都不清楚，所以，应该保持安全距离，不可随意翻动病人，也不能去摇晃，以免导致病情加重。

（4）看护好现场。突发病人无人照看，随时可能发生危险，要有仁爱之心肠，仁爱之行动，自觉看护好现场，直到救援人员或病人家人赶到。如果担心发生意外，可以与自己的父母、老师取得联系。如果病人清醒，可以询问需要什么帮助，是否需要帮助搜寻病人身上带的急救药品，与病人家人联系等。

遇到病人求救，要谨慎小心，保持冷静，不能冒失帮助，应做一些力所能及的事。

13. 发现推销东西的人

很多女生喜欢购物，本来挑选自己喜欢的物品是很开心愉悦的事，但是经常会遇到店员“强迫性”的推销，像胶水一样黏上你，女生们知道该怎么办吗？

暑假，初二学生小菊独自来到古玩市场“淘宝”，也许是受爸爸的熏陶，她喜欢欣赏爸爸收藏的古香古色的“宝贝”。

她来到玉石摊位，立刻被一个手掌大小的黄色玉牛吸引住了。一个阿姨笑眯眯地走来，热情地给小菊讲解黄色玉牛的好处与“故事”，让小菊购买。小菊对阿姨说只是欣赏，没有钱买，然后准备离开，可是阿姨不依不饶地跟在小菊身后喋喋不休，大有不买就跟定你的势头。没有办法，小菊拿出100元钱买了回来。晚上爸爸下班一看，是假玉牛，无收藏价值。为此，小菊难过了好几天。

（1）明确表明自己的态度。遇到推销东西的人纠缠时，务必态度坚决，肯定不买，不能犹犹豫豫，给推销人员造成错觉。

（2）装作对此事不感兴趣。无论怎么纠缠你，你都应该无动于衷，装成无所谓的样子，甚至答非所问，推销之人看见你这个样子，也就无可奈何了。

（3）尽量不向销售人员询问。遇到推销人员纠缠，不要驻足询问，不给推销之人纠缠你的时间，快速问完，快速离开。

（4）找借口脱身。如果推销人员不放弃对你的推销，赶紧找借口离开，如爸爸在前面等着呢，妈妈来找我了，同学等着我写作业呢，老师叫我呢，等等。

对于难缠的推销人员，可以直接拨打报警电话或是商场的客服电话，直接反映问题，也可告诉家长、老师来解决问题。

14. 商场着火

女生放假休息的时候，可能会选择商场见面。为什么喜欢去商场见面或闲聊呢？因为走进一家商场，可以买全几乎所有的日常用品，满足大部分生活需要。但女生想过没有，商场人多、物品多，一旦着火怎么办呢？

前几年，某商场着火，13 岁的小兰正在商场买东西，她惊慌失措，失去了理智，不听指挥人员的指挥，跟着人群乱跑，不幸摔倒在楼道拐弯处，被很多人踩踏，受了重伤，被迫住院治疗，耽误了学习。

(1) 听从指挥最重要，不要乱跑。女生被困火场后，要坚决听从工作人员的指挥，有序疏散，切忌互相拥挤、乱跑、乱窜，一旦堵塞了疏散安全通道，后果相当严重。疏散时，女生要勇敢起来，集中精力，按照指令走，尽量靠近承重墙或承重构件部位行走，严防坠物砸伤。

(2) 保持镇静，不要惊慌。商场里不仅有相当数量的可燃物，而且常常处于人员高度集中的状态。一旦着火，被困人员要想逃离火场，必须要有良好的心理素质，保持镇静，不惊慌，利用一切可以利用的有利条件逃生。

(3) 随机应变，就地取材，自制保护器材逃生。遇到大火与浓烟时，立刻用毛巾、口罩、围脖、帽子捂住口、鼻，能起到一定的防烟、防烧伤的作用。

(4) 胆大心细，生命安全第一。必须从窗户逃生时，不能直接跳下去，可以利用绳索、布匹、床单、地毯、窗帘等制造成安全逃生绳子，爬下去。也可以借助下水管，一段一段地攀爬下去。

(5) 临时借用保命的物资与工具。有些商场经营各种劳动保护用品，如安全帽、摩托车头盔、防火工作服等，可临时使用，避免烧伤和坠落物的砸伤。

(6) 机智灵活，不盲目拥挤出逃。在逃生的过程中，一旦人们蜂拥而出，极易造成安全出口堵塞，使人员无法顺利通过而滞留火场。这时要保持清醒，克服盲目从众心理，如发现出口堵塞，应注意观察，听从指挥，放弃从安全出口逃生的想法，选择破窗而出，或其他逃生方式。注意，不要躲避在电梯里，因为商场着火后，一旦停电，电梯会停止运行。

(7) 增强消防意识。女生进入商场后，顺便观察一下安全出口的位置，疏散通道位置，楼梯间的位置，安全门是否上锁，消防设备的具体位置等，做到心中有数。

逃生时应尽量利用建筑物内的防烟楼梯间、封闭楼梯间、有外窗的通廊、避难层等设施。平时多参加学校组织的避难逃生训练，熟悉逃生路线，掌握逃生方法。

15. 娱乐场所着火

影剧院、歌舞厅、卡拉 OK 厅四壁和顶部有大量的塑料、纤维等装饰物，电器设备多，一旦发生火灾，将会产生大量有害烟雾，危及生命安全。所以，少年女生最好不进入娱乐场所。

前几年，初中二年级学生小绒与几个闺蜜去某歌厅唱歌，突然发生了火灾，由于逃生安全门被堵塞，无法逃生，小绒与几个闺蜜吓哭了，危急时刻，她们看到了玻璃，想到了学校老师讲的逃生课，砸开玻璃后，逃了出去。

（1）观察娱乐场所里的安全出口位置与结构。进入娱乐场所，不能只是想着娱乐，应该想到生命安全问题，查看一下安全出口的具体位置，逃生通道，消防器材的具体位置，楼层的高度等。

（2）不能冒失跳楼。娱乐场所着火后，如果安全出口被堵塞，应该选择其他逃生途径，必须通过窗户逃生时，不能直接跳下去，应该用窗帘、地毯、衣服等卷成长条，制成安全绳，实施滑绳自救，绝对不能逞能跳楼，以免发生不必要的伤亡。

（3）正确逃生。火势增大时，逃生过程中，应尽量避免大声呼喊，防止烟雾进入口腔。可以采取用水打湿衣服，捂住口腔和鼻孔的做法，一时找不到水时，可用饮料、尿液来打湿衣服。同时，应该采用低姿行走或匍匐爬行，在穿越烟雾区时，以毛巾、口罩、床单、衣服作为临时的“空气呼吸器”。如条件允许，还可向头部、身上浇些凉水，用湿衣服、湿床单、湿毛毯等将身体裹好，快速穿越浓烟区。应特别注意的是，在穿越烟雾区时，即使感到呼吸困难，也不能将毛巾从口鼻处拿开，一旦拿开，就有可能因吸入有害气体而中毒昏迷。如果逃生通道被大火和浓烟堵截，又一时找不到辅助救生设施，只有暂时逃向火势较小的地方，如阳台、卫生间、水房或楼顶，同时向外发出救援信号，等待消防人员营救。

（4）互相帮助，有秩序撤离。娱乐场所里的人比较多，身体素质好，可以互相救助，不能互相拥挤，记住一条，“挤”，死路一条，“让”，才能生还，大家一定要有秩序，才能形成合力，想出更多的办法，安全逃离火场。

娱乐场所着火时，遇到里面有长者、妇女、孩子时，优先让弱者出逃，这是最基本的素养。

16. 困在电梯里

随着社会的进步和发展，电梯应用越来越多，随之而来的是出现事故的报道也越来越多。当你遇到电梯坏了的时候，想过怎么面对吗？

14 岁的小娜与妈妈参加一个聚会，吃饭的餐厅在 3 楼包间，吃饭间隙，小娜出来接同学的电话，走到电梯口处，电话来了，拿起电话时，电梯门要关闭了，急忙伸手挡电梯门，电

梯门没有被挡开，反而把她的手夹了，吓得她尖叫着，脸色苍白，手肿胀的好似茄子，几天无法拿笔写字，影响了学习与生活。

安全处方

（1）镇定最重要。如果电梯突然停下，首先不要惊慌，可尝试持续按开门按钮，并通过电梯内对讲机或手机拨打电梯维修单位的服务电话求助。也可通过大声呼救等方式向外界传递被困的信息。

（2）自我保护。如果运行中的电梯突然下坠，可从下至上把每一层按键都按下，选择一个不靠门的角落，使整个背部与头部紧贴不靠门的内墙，呈一直线，运用墙体作为脊椎防护，膝盖弯曲，身体呈半蹲姿势，尽量保持平衡，借用膝盖弯曲和踮脚姿势来承受重击压力，加大缓冲。

（3）文明安全乘坐电梯。不要用手或身体强行阻止电梯门开合，不要在电梯内蹦跳，不要对电梯控制按钮做出粗暴行为，不能用脚踹轿厢四壁或用工具击打等。

（4）不能逞能冒险。被困电梯里时，不能急躁，控制好情绪，不要强行扒门，更不能试图从轿顶天花板爬出，这样会从一个危险环境中进入另外一个危险的环境中。

乘坐电梯做到“八不”：一不顶着电梯门；二不要随便按应急按钮；三不要在电梯内乱蹦乱跳；四不要相互推挤；五不乘坐“超龄”电梯；六不乘坐不符合使用标准的电梯；七不乘坐超员电梯；八不伸手阻挡电梯门。

17. 放风筝

放风筝在古代就流行，是人们户外活动的一种方式。放风筝能使人情绪开朗、心境愉悦、消除内心杂念。由于需要盯着风筝看，双眼面对蓝天，能消除眼肌疲劳，调节和改善视力，预防近视。据说对颈椎也有好处。

春天的周日，风和日丽。小学六年级的小梅独自出门来到小区的假山附近放风筝。由于风速小，她拉着风筝倒着跑，经过假山时，一个老爷爷散步经过假山，被小梅撞倒在地，骨折了，住进了医院。

父母为此付出了很多，半年都没有缓过来，给家庭造成了不小的麻烦。

（1）预防触电。放风筝时，远离电线，特别是高压线，以免造成触电意外。风筝落到高压线或变电器等电力设备上时，不能擅自去取。应尽快向电力部门寻求帮助。夏天，尤其阴天时，最好不要放风筝，以免发生触电。

（2）选择安全地域，谨慎慢放。放风筝时，应把地点选择在空旷处，遇强风时，勿徒手扯线，最好戴手套，要选择开阔、人少的地方，远离道路、油库、人群密集的地方。比较适宜的是海边、郊外等地方。拿着风筝控制滑轮时，无论是前进、倒退，还是向左向右，都要注意安全，不能顾前不顾后，以免发生意外事故。

（3）及早躲避。放风筝时，遇到行人和车辆一定要及时避让。如发现风筝往下落，控制不住时，不要绷紧线，而要放线，让风筝慢慢下落，避免伤到行人，避免干扰机动车行驶。遇到别人放风筝时，要站在安全距离观看。通过放风筝的路段时，要注意观察风筝线，不要挂、拉风筝线，以免发生意外。

（4）看风速。当风力大于3级时，因为风力较大，尤其是空中的风速更快，就不宜放风筝了。情况不明时，不能倒着走放风筝。

放风筝的时候，尽量不要选择阴天或雨天，因为光线太暗，眼睛会很累，会导致近视的发生，还会发生触电。

18. 放鞭炮

无论是过年过节，还是结婚嫁娶、进学升迁，以至大厦落成、商店开张等，为了表示庆贺，人们都放鞭炮。这个习俗在中国已经有2500多年的历史了。但是，燃放鞭炮也给人们的生活带来很多的危害。如造成严重的空气污染、噪声污染、爆炸伤害等。

小学五年级的小香，大年三十晚上在小区门口放鞭炮。发现一个下水井盖有一条缝隙，她顺手把点燃的小鞭炮扔了进去。

突然“砰”的一声巨响，下水井盖飞了起来，火光冲天，把周围的几辆汽车炸坏了，小香也被火焰烧伤了。急忙送她去医院治疗。

小香把鞭炮扔进下水井内，引起了沼气爆炸。

（1）远离易燃易爆物品。燃放鞭炮时，务必要预先观察，这是保证安全的前提，不能有侥幸心理，更不能冒失，仔细看一看四周有无易燃易爆物品，如柴草堆、煤气罐、油库、化工厂、仓库、沼气池、汽车等，如果有，要尽快远离，到安全距离以外燃放。

（2）安全燃放。放鞭炮时，要将鞭炮挂起来，或放置在安全的空地上，绝对不能逞能用手拿着去燃放，有一些鞭炮会在极短的时间内爆炸，十分危险。燃放前，注意观察周围有没有人群、经过的汽车、宠物等，如果没有，再按照要求小心燃放。如果有情况，等一等再放。放鞭炮的时候，尽量远离爆炸的鞭炮，不要因为好奇或逞能，靠得太近。另外，对于特别响的鞭炮，要注意捂住耳朵，保护自己的听力。对于没有响的鞭炮，不要急着拿、急着看，最好等5分钟以后，用水浇一浇，安全处理掉。

（3）不乱放。放鞭炮是很高兴的事，需要认真操作，管好自己的手，否则会发生乐极生悲的事。一是不能往下水井盖里扔鞭炮；二是不能往汽车上扔鞭炮；三是不能往人身上扔；四是不能朝小动物身边扔；五是不能往沼气池里扔；六是不能往墙的另外一面扔。墙的另一面是什么？你不知道，万一有易燃物品或人呢？

女生要带头遵守燃放规定，不要燃放超大的鞭炮，更不能冒失地去观察未能爆炸的鞭炮。

19. 陌生人问路

少年女生回忆一下，出门在外时，问路及被问路的经历想必你们都有吧。当你向别人问路时，心中是否也有一些小心翼翼呢？当别人向你问路时，你是否会对问路的人有一些警惕呢？

真实事件

小苗上小学二年级，今天她写完作业，出门在家门口玩。这时过来一位不认识的阿姨，微笑着问她这是几号楼。

小苗说是 1 号楼，阿姨拿出巧克力，和蔼可亲地说：“小姑娘，给你巧克力吃。我的亲戚住在这个楼，楼后面我有几个包，你能不能帮我拿过来呢？”

小苗点头答应，走出几步，发现阿姨拿出手机，神秘地说着什么，突然想起了老师讲的安全课，立刻引起了警觉，转身往家跑去。阿姨见小苗发现了“秘密”，立刻走开了。

（1）学会保护自己，坚决不带路。遇陌生人问路，热情回答是应该的，但是要学会保护自己的安全，时刻保持警惕性。只要不离开原地，可以详细指路，就是不能给陌生人带路。

（2）机智摆脱，防止纠缠。如果陌生人很黏糊，不要过于热情，在保持安全距离的前提下，巧妙地把陌生人引荐给家长、老师、邻居、警察、小区保安、服务人员等，这样既帮助了陌生人，又保护了自己。

（3）敢于报警，预防不测。如果遇到的陌生人形迹可疑，不怀好意，实施以问路为幌子的诡计，要保持镇定，看准时机，大声呼喊路人帮助，或打电话告诉家长、老师，也可以打电话报警。

（4）不吃东西，不被“忽悠”。陌生人问路时，给你吃的、喝的、玩的、闻的、看的，坚决拒绝，以免中招，落入陌生人布置的陷阱。如果陌生人夸赞你，要保持冷静，不能被陌生人的花言巧语忽悠了。

女生们可以建议问路的陌生人开启手机定位搜索模式。没有家长或同学的陪伴，自己一个人面对陌生人问路，最好减少接触时间。

20. 遇到“美人计”

美人计，历史典故，出自《三十六计》，意思是对于用军事行动难以征服的敌方，要使用“糖衣炮弹”，先从思想意志上打败敌方的将帅与士兵，使其内部丧失战斗力，然后再武力攻取。生活中，一些骗子也喜欢使用三十六计欺骗人，女生们要特别小心。

暑假，老爸带着15岁的小芳去外地旅游。在一个旅游景点，一个年轻人举着照相机，吆喝着：“照相了，国外的某某在这里照过，国内的某某在这里照过……”

年轻人旁边放着几个大宣传板，宣传板上有许多国内外漂亮、帅气的明星，都是小芳喜欢的。小芳看着明星的相片，动了心，走过去，交了钱拍照了，写好地址，交给年轻人，年轻人说几天快递到家。

回家后，左等右等也不见照片，急得没办法。后来，小芳在网上查找，才知道这个年轻人是骗子，骗了很多人。

（1）守住底线。女生正值青春期阶段，对异性已经有了朦胧的好感意识，容易被吸引。要保持清醒，客观地对待异性，不能丧失警惕性，做人要有底线。

（2）不被帅男与美女迷惑。对突然出现的热情、温柔、卖弄的“帅男”“美女”，要保持高度警惕性，不能把“魂”丢了。要保持距离，不为所动，找借口离开，以免陷入其中，招致祸端。

(3) 不去不该去的地方。女生是未成年人，有些地方不能去，特别是歌舞厅、网吧、洗浴中心、按摩室等地方。理发要去正规的理发店，不能随意进入发廊，进入发廊要特别当心，不要被“美女”“帅男”理发师迷惑，因为有的“美女”“帅男”理发师不是理发师，干着别有目的的行当。

(4) 管好自己，洁身自好。女生要擦亮眼睛，遇到“帅男”“美女”，不贪图便宜、求艳福，要警告自己有可能是“陷阱”。帮助“帅男”“美女”时，要把握一个度，量力而行，最好有同伴可以相互印证。

如果不幸中了“美人计”，不要害怕、隐瞒，或执迷不悟，要立刻告诉家长、老师，或报警，寻求保护，解决问题。

五、校园生活

1. 体育活动

体育课是锻炼身体，增强体质的重要课程。体育课上的训练内容是多种多样的。

体育课设置的科目大多具有运动性、激烈性、对抗性、开放性，这就要求女生们要自觉遵守规定，既要锻炼身体，又要安全、开心。

13 岁的小妮喜欢玩单杠，体育课上，老师指挥着几个同学在单杠下面放保护垫，垫子还没有放好，她就迫不及待地上了单杠，翻转时，脱了手，掉了下来，由于垫子没有铺好，重重地摔在地上，手腕骨折了，需要治疗 3 个月。

(1) 检查衣服，保证安全，没有危险物品。体育活动前，要仔细检查衣服，特别是上衣、裤子口袋里不要装钥匙、小刀、指甲刀、手机等坚硬、尖锐、锋利的物品。胸前不要佩戴金属或玻璃的装饰物，以免发生意外。戴眼镜的女生要事先判断活动中眼镜是否会伤害到自己，或损坏眼镜。如有必要，提前取下眼镜，妥善保管，再进行活动。

（2）服从老师的指挥，不能擅自活动。一些体育活动很激烈，对抗性强，带有一定的危险性，有时需要器械、工具等，女生们要按照规定进行，要有时间观念与纪律性。对于不熟悉的训练科目，务必详细地向老师了解，正确的使用方法与操作要领，特别要注意使用安全及注意事项。

（3）不要逞能，也不能粗心大意。体育活动中，需要借助专用的器具与器材时，必须要在指定地点练习，要有专人看护、指导，训练时不逞能、不玩花样、不存有侥幸心理。坚持一个原则，只要使用器材、器具，必须经过老师准许或在场。

（4）随时感知身体情况。体育活动中，如果感觉有任何不适，务必立刻中止活动，及时告知老师，或给家长打电话。体育活动结束，不要立即停下来坐卧躺，要做好放松运动，深呼吸或慢走，使心脏逐渐恢复平静。不要立即洗澡、喝冷饮，因为这样会使毛细血管突然收缩，不利于散热，容易感冒。

体育活动中，涉及的人多、器材多，务必严格遵守规定，自觉执行很重要，千万不能犯“自由主义”，不能存有侥幸心理。安全、健康地运动是第一位的。

2. 课间活动

安静、踏实、无忧地在美丽的校园里学习、生活是女生们共同的心愿，老师、家长的最大心愿就是让女生们快乐而平安地在校园里度过每一天。

其实，平安快乐并不是简单的事，需要女生们共同努力与付出，需要女生有自觉性，能管好自己，能约束自己，维护校园的规则。

真实事件

下课铃声响了，初一（2）班的几位女同学急着跑出教室。虽然刚开学，老师多次强调过课间纪律，可是小丽因为喜欢打乒乓球，急着去抢乒乓球台子。

由于着急，下楼梯时，与上楼的女同学撞在一起，不小心摔倒了，小腿骨折。小丽痛苦万分。

（1）遵守规定，管好自己。学校是集体学习的场所，需要良好的秩序，无论是上课还是下课，都要自觉遵守规定。课间活动时，通过过道和楼梯间时，不要拥挤、打闹，更不能用恶作剧恐吓同学，防止拥挤、踩踏等事故发生。课间运动要适度，不要太剧烈，不要追逐打闹，不要争抢（独自占用）体育器材，避免撞伤或摔伤。课间文明休息，才能保持课堂精力旺盛。

（2）不玩危险品。课间休息时，不要玩小刀、仿真枪、弹弓、弓弩、飞镖、遥控飞机、遥控汽车等，因为稍微不慎，就会伤及自己与同学。另外，学校有规定，学生不能把管制刀具、危险玩具带入校内。

（3）不逞能玩器械。学校里的运动器械多，一定要正确使用，一些特殊的体育设施、器材有一定的危险性，在没有保护措施的情况下，不要在秋千、双杠、滑梯、鞍马、吊环等设施上做危险动作，避免摔伤。

（4）远离危险区域。现在一些学校的基础建筑多，工人师傅多，机械设备多，建筑材料多，务必远离学校的建筑工地，不要到危险区域内玩耍，不要有好奇心，不要看热闹，不要触碰电器设备。

（5）听老师指挥。课间休息时，如有校外陌生人邀请外出，千万不要轻信，以防被人拐骗。必须向老师报告，请老师来处理。如果遇到暴恐事件，保持镇定，听老师的话，集中到指定的安全区域，不能乱跑。

（6）文明如厕。课间及时去厕所方便，如厕时，不要慌张、拥挤、嬉笑、打闹，一是防止地滑摔伤；二是预防拥挤、踩踏事故发生；三是健康的要求，如厕时，需要安静，保存气力与体力，不至于伤害身体。

（7）理智处理纠纷。课间同学们活动时，难免遇到矛盾与纠纷，要及时报告班主任或任课教师，把矛盾化解在萌芽状态，防止矛盾激化，绝对不能发生打架斗殴事件。

课间活动必须自觉做到教室里轻轻走，走廊上慢慢走，上下楼梯靠右走，卫生间里文明如厕。课间活动讲文明，不随便进入专用教室，不去活动范围以外的地域。

3. 适时增减衣服

四季更替会给女生的生活带来丰富多彩的体验，面对冷暖交替的气候，如果没有父母的叮嘱，女生可以安排好自己的衣着吗？可以自己照顾好自己吗？

寒假的一天中午，13 岁的小溪去图书大厦买书，出家门时，穿得很厚，进了图书大厦也没有及时脱衣服、摘帽子，围脖一直围着，全身冒汗，内衣都湿透了。买完书，汗也没有落一落，就急急忙忙地走出图书大厦，想着回家看电视。

室外，寒风凛冽，她被寒风吹得直打哆嗦。到了晚上，她开始流鼻涕、发高烧、咳嗽、全身无力，妈妈连夜送她去医院输液，受了几天的罪，年也没有过好。

（1）了解生活常识，及早准备。气温在27℃以上，属于比较热的天气，穿一件短袖即可。气温在20～27℃，气候舒适，穿一件长袖衬衫或T恤即可；气温在10～20℃，气候偏冷，穿一件长袖，外加一件外套出门即可。气温在1～10℃，气候很冷了，这时要穿一件长袖与一件针织背心，外加一件厚点的休闲外套或毛衣。气温在0℃以下，气候寒冷了，需要穿上长袖衣服、长袖毛衣、羽绒服（棉衣、皮衣），如果下雪、风大，就带上帽子、手套、围巾，认真保温。

（2）养成听天气预报的好习惯，随时准备好增减衣服。女生学习任务重，闲暇时，听一听天气预报，根据气温变化情况，有无雨雪风、昼夜温差变化情况，预先把增减换的衣服准备好。

（3）锻炼自己，不断积累生活能力。增减衣服就是其中的一项生活技能，通过总结、积累，逐渐找出适合自己的增减衣服的规律，不给家长添麻烦。

（4）灵活应变，随时增减。女生平时的活动多，一会儿户外，一会儿室内，温差比较大，要根据温度变化情况、环境情况、运动剧烈程度、身体状况，及时增减衣服，确保身体健康。

养成自觉增减衣服的好习惯，学会照顾自己从适时增减衣服开始，进出房间，应根据温度情况，适当增减衣服。

4. 打扫卫生

学校就像家一样，干净整洁的学习环境，不仅让女生们感觉舒适，就连学习心情都会变得轻松。

学校教室的卫生环境需要每一个同学的付出和努力，所以，定期对教室进行卫生大扫除必不可少。做大扫除时，女生们该如何做呢？需要注意什么呢？

放假前夕，老师让同学们做卫生扫除。木子负责拖地，因为教室离水房比较远，木子想了个好主意，从家里拿来一只塑料桶，接满水之后，把水桶提进教室，这样就免得一次次往水房跑了。

木子悄悄地把水桶放在窗户下面，完全没有注意正在擦玻璃的小娜。小娜擦完玻璃，跳下窗台时，一脚踩到了水桶，一桶水洒了满地，小娜摔倒了，疼得哭了起来。老师和同学们急忙送小娜到医院检查，结果是小娜扭伤了腰，需要卧床休息。

（1）注意安全。打扫教室卫生时，同学们应该按照班主任的要求，明确工作职责，认真彻底打扫卫生，出色完成所负责的工作。不能在打扫卫生时追逐、打闹、嬉戏、奔跑、突然开玩笑等，要时刻保证自己和他人的安全。

（2）文明打扫。打扫卫生期间，讲文明，节约用水，不乱倒水，不乱丢垃圾，不猛挥扫把，以免造成尘土飞扬。倒垃圾时，不将垃圾掉在途中，要将垃圾倒在垃圾车（池）内。要爱护劳动工具，注意保持已经打扫完的区域卫生和个人卫生。使用拖把拖地时，及时清洗，拖完地面后，将脏拖把清洗干净，脏水要倒在厕所或下水道里。

（3）不干危险的活。打扫卫生时，如果认为很危险，可以不干，告诉老师即可。发现安全隐患或特殊的情况，要及时报告老师。最好远离电灯、电线、插座、投影仪等电器设备。

（4）互相保护。如果同学站在桌子上擦玻璃，旁边的同学要注意保护，不能视而不见。

（5）不能一心二用。打扫卫生时，不能走神，要集中精力，观察教室的情况，预防突然的危险发生。

看似平常的小事也存在着安全隐患，生活处处皆学问，干净整洁的学习环境，需要我们用安全的意识和智慧的头脑共同来创造。

5. 做实验

实验能激发女生的学习兴趣，加深其对各种概念和规律的理解，还能培养女生的观察能力以及独立实验的技能和技巧。其中的奥妙和乐趣使女生乐此不疲。

充满期待的实验带给女生们更多的见识和乐趣，但是一旦实验操作失误，就会带来烦恼或伤害，需要特别小心谨慎。

今天上午，初三（3）班上实验课，老师在实验室给同学们讲化学反应。老师让同学们准备好两个试剂瓶，一个装了干净的蒸馏水，另一个装了实验用的酸。老师还没有讲解怎么做，急性子的小美拿起酸就往蒸馏水里倒。

“扑哧”一阵响声，试剂瓶里水花四溅，飞射出的水滴溅到了小美的手上，烧疼了她，吓得她惊叫起来，老师赶紧用自来水帮她处理伤口，严肃地批评了她的冒失做法。她后悔地低下了头。

安全处方

（1）遵守实验规定，熟悉情况，认真准备。进入实验室时，要仔细阅读实验规定，换好实验服，同时把实验服的扣子扣好，不能敞开。按照实验要求，做好实验前的各项防护准备工作。

（2）听老师的话，不随意操作。实验室里的东西多，情况复杂，必须认真听老师讲解实验要求和注意事项，不能随意操作，不得做与当天实验无关的事，坚持认真规范的实验操作过程，操作要讲程序，一步一步地进行，不能图省事，仔细观察、记录，认真分析实验数据。

（3）清楚危险隐患。实验过程中，保持桌面整洁，及时清理废液和固体废弃物，公用器皿和试剂及时归位。混合试剂时，要谨慎；使用火时，要缓慢；使用酸碱时，要轻稳；使用电时，要注意绝缘。

（4）善始善终。实验结束后，及时清洗用过的仪器、器材，整理好自己的实验台，恢复原样，同时做好实验与清理日志。

实验室是特殊的地方，很多实验用品需要小心拿放，只有严格遵守实验室的规定，听老师的话，才能确保安全。

6. 学校运动会

运动会是同学们展示自己的舞台，能够真实地检验自己的体能水平。运动场上的比拼，能够让同学们找到自身的勇敢精神与友谊感，看到彼此的精彩表现，增强集体凝聚力。

秋天，某初中学校如期举行了田径运动会。400米的跑道上，一名英姿飒爽的女生跑了第一名，正准备冲刺、撞线时，她的"闺蜜"小花拿着鲜花，冒失地冲进跑道的终点线，给"闺蜜"献花，躲闪不及，不幸被"闺蜜"的钉子鞋踩在了脚上，伤得很严重。

（1）无条件地听从老师和裁判的指挥。运动会人多，各种比赛项目紧张激烈，需要自觉遵守纪律，按规定就座，不乱跑、不乱喊叫。比赛期间，学生不得进入安全警示范围，不得在跑道上逗留或横穿跑道，不得站在赛区内影响比赛，更不得干扰运动员比赛，危及运动员的安全。

（2）管住自己。非运动员在运动会期间，务必要文明观看比赛，不得擅自离开观看场地，严禁贸然闯入比赛场地内观看、拍照、接人、带跑、献花、送水（食品）等。

（3）不围观。运动会上，一旦出现运动员摔伤等突发情况，不要跑上去围观，保持安静，由现场医务人员进行处理。

（4）保护身体不受伤。比赛前，女生应按要求点名、录检，适时穿好服装和鞋子，不穿带有金属徽章、尖利或硬质物体的运动衣，防止意外事故发生。上场前，充分热身，避免运动伤害发生。

（5）集中精力，不分心。运动场上人多、杂乱，需要集中精力，认真听广播，不能错过检录时间，耽误比赛。

（6）通过正当途径反映情况。与运动员、裁判员有纠纷问题时，不要争吵，要逐级反映情况，等待正确的解释与解决。

遵循“友谊第一，比赛第二”的原则，不要过于计较成绩与名次，运动员之间不能斗气。

7. 不要独自在校园的犄角旮旯活动

学校的生活是丰富多彩的，但是在充满欢乐的校园里，你有没有发现学校里的一些犄角旮旯的地方，有没有想去看看的欲望呢？最好不要去这些地方，以免发生问题。

下午下学了，12 岁的小米从老师办公室出来，看到了学校操场的西北角有个小偏门被打开了。以前，这个门都是锁着的，同学们对这个小门都很好奇，不知道里面有什么。

今天的门是敞开的，小米蹑手蹑脚走了进去。迎面传来狗的狂叫，还没等小米看清楚是什么狗的时候，一条大型牧羊犬将小米扑倒，小米吓得连哭带叫。这时，小屋里的爷爷拿着木棍把狗打退，重新把它拴好。小米的小腿被咬流血了，爷爷赶紧找到班主任联系了家长，及时去医院打了狂犬疫苗。原来，门卫的爷爷家由于翻盖房屋，临时把家里的大狗送到学校偏僻的角落暂时养几天。刚才，爷爷出去接电话，没有来得及锁门，大狗见到生人，挣脱了链子，把小米咬伤了。为了这件事，各个班级专门召开了班会，讨论犄角旮旯的地方同学们该不该去。

（1）提高警惕，远离不该去的地方。学校的地方大，建筑物多，女生最好在教学区、生活区、活动区、锻炼区等地方活动，犄角旮旯或是偏僻的地方尽量不去，必须去时，应该结伴而行。

（2）收起好奇心，安全记心中。其实，学校也不是完全安全的地方，只是相对的，学校也有安全隐患，特别是老学校或建在城乡接合部的学校，建筑物多，而且也不一定规范，犄角旮旯可能存放杂物，或隐藏着小动物等，危险性很大，务必要以安全为中心，不要轻易靠近。

（3）管住自己的手与脚。应自觉遵守学校的规章制度，对于严格制止的事情，坚决不做；对于不让去的地方，坚决不去。

学校也不是安全港，偏僻的地方，监管等各项措施有可能不到位。一旦遇到紧急情况，发生事故，将很难应对。

8. 务必远离施工现场

给学生提供舒适良好的学习与生活环境是每所学校的职责，如果你的学校正在为改善学校环境而施工，女生知道该怎么注意安全吗？

周五傍晚，小学四年级的女生小琪带领同学们做完了教室卫生。检查完毕后，同学们相继离开了学校。小琪独自去操场倒垃圾。回教室的路上，她用手绢擦汗，一阵风吹来，把手绢吹进了学校的一处施工现场里。她很着急，发现一处栏板似乎被人掀开了一个缝隙。她走过去扒开看，

「远离施工现场」

施工场地没有人，手绢就在施工工地的一个箱子上，急忙弯腰，扭身从缝隙中往里钻。突然，她脚下一晃动，双脚下陷，被卡在了一个很窄的水泥管子里，上不来也下不去，急得她高声呼喊。

施工人员及时赶来，把她从管子里拉出来，送到医院进行了腿部缝合。原来水泥管子是施工人员安装的建筑工具，没有盖子，也没有警示牌。

安全处方

（1）不靠近，远离危险。学校施工，肯定有各种设备与器材，或有电器设备、脚手架、搅拌机等，设备运转起来，很危险，遇到施工现场，务必躲避，选择绕行。

（2）自觉约束自己，管好自己。学校施工时，施工场地肯定很杂乱，有的地方不一定设有警示牌，也不一定有拦截安全网，要听学校老师的话，严格执行规章制度。

（3）加强安全防范意识，确保自身安全。学校的施工现场人多、机器多、电器多，临时使用的电线可能架设得不规范，吊车随时工作着，女生要眼观六路，耳听八方，不要看热闹，不要触摸电器、电线，要有防范意识。

学校施工一定有相关规定，对学生有严格要求。作为在校女生，学会保护自己的人身安全也是课程之一，绝对不能忽视和大意。

9. 午间吃营养餐

女生正处在长身体的关键阶段，营养吸收的好坏直接影响着女生们的身体健康与发育，午间的营养餐是否安全、是否卫生、是否真的有营养、是否适合，对于女生们来说十分重要，因为身体生长，离不开安全、卫生、营养全面的食物，不可小视午餐问题。

初中学生小芬身材苗条，特别担心自己长胖。每天中午在学校吃营养餐，总是找借口去卫生间。一天，她中午去卫生间，意外晕倒了，老师急忙把她送进医院，医生检查后发现没有什么危险，是低血糖，还有点贫血，建议多吃饭，不要偏食。

老师仔细询问后，小芬说出了秘密。原来，她为了保持好身材，中午不吃学校的饭，只要有肉，就悄悄倒掉，导致偏食，损害了身体健康。老师耐心讲解了饮食与健康的问题，希望她改正。

(1) 管住嘴，吃放心的食物。中午饭非常重要，一定要吃好、吃饱、吃得营养，如果学校有中午餐，应该在学校吃。如果学校没有午餐，最好回家吃。如果家长上班，无法解决午餐问题，尽量带饭，或到学校门口的正规饭馆吃饭。不能在没有卫生许可、没有营业执照的小餐桌或小摊贩处进餐。

（2）顿顿消毒，保证餐具卫生。餐具使用频繁，容易接触被污染的东西，如果消毒不及时、不彻底，很容易滋生细菌与病毒，所以，必须坚持餐前消毒，餐后清洗，平时加强保管，单独使用，不与同学或他人混合使用。

（3）必须吃放心、安全的食物。女生无论在什么地方吃午餐，都要把握三个原则：一是对食物的选择要细心，保证新鲜、卫生；二是入口前要观察食物，发现食物异常或变质时，坚决不吃；三是看食物的操作与运输过程，如果发现有被污染的迹象，最好换一家餐馆。

（4）不挑食、偏食。女生正在长身体，需要的营养多，食物含有的营养要丰富，所以，不能挑肥拣瘦，更不能偏食，以免引起营养失衡，导致发育不良。

（5）文明、卫生进食。吃饭时，要保持安静，不要大声喧哗，更不能嬉笑打闹，要养成饭前洗手的好习惯。

午间营养很关键，要科学合理安排饮食，要保证摄入量的充足，不能只凭借口味来选择食物。

10. 鼻子出血

鼻子出血的原因很多，女生要正确认识，既不能过度惊慌，也不能麻痹大意。一旦鼻子出血，要冷静，正确处理。

如果鼻子经常出血，就要及时告诉家长、老师，尽早去医院检查治疗。

放学后的操场上，小学五年级女生小芳独自跳绳。一个男同学踢足球，足球踢偏了，飞到了小芳的鼻子上。顿时，小芳的鼻子鲜血直流，小芳受到了惊吓，哭成泪人，鼻子出血更多了。

恰好老师经过这里，急忙安慰小芳，快速找来毛巾、干净的凉水，把毛巾浸湿，放在小芳的额头上冷敷。一会儿，血就止住了。

（1）避免外伤，保护好鼻子。学校里同学多，活动多，稍微不注意，容易发生身体接触，甚至碰伤鼻子，导致出血。所以，在校内活动时，要注意安全，稳稳地走路，不能慌慌张张地行走，拐弯、上下楼梯、进出门、上下床、进出卫生间、进出礼堂等，都要小心。

（2）遵守校规，不打架斗殴。鼻子出血与外伤有直接的关系，女生在学校要遵守纪律，互相帮助，不能因为一点小事就动手，更不能没有轻重的“闹着玩”，也不要过分地开玩笑。

（3）鼻子流血后，要保持镇定，放松身体，减轻压力，想方设法止血。保持冷静，不慌张，采取半坐姿势，头前倾，防止血流到口腔。可以用冷水淋洗额头、鼻子周围，能起到止血效果。

如果左鼻孔流血，可以用左手掐住右手的大拇指根部；如果右鼻孔流血，可以用右手掐住左手的大拇指根部，止血效果明显。如果出血不止，可以用凡士林纱布卷塞入出血的鼻腔内，切忌不可用脏布直接塞入鼻孔，否则会引发感染。如果感到情况严重，立刻告诉老师，或去找校医治疗。

（4）流鼻血不能麻痹大意。出血的原因可能在鼻孔，也可能在全身。如外伤、肿瘤、鼻腔炎症、贫血、鼻息肉、鼻溃疡、白血病、血小板减少、高血压、急性传染病、维生素缺乏，甚至各种中毒等都可以引发鼻子出血。

女生要正确认识鼻子出血，经常有鼻子出血现象时，不能忽视，要及时告诉家长、老师，及早去医院诊治。

11. 突然来月经

来月经是女孩子的身体趋于成熟的标志之一，女生是否看过相关的生理知识的书籍呢？是否有妈妈耐心的指导和呵护呢？是否有学校的女老师为你指导呢？如果都没有，第一次突然来月经的你是否惊慌失措呢？是否会有太多的担心和顾虑呢？

张雅今年13岁了，她比同龄人都要高出很多。一天下午她刚走进学校大门，突然感到肚子疼，急忙去厕所，吓得脸色苍白。哭着出了厕所，恰好遇到卫生老师，告诉老师说自己生病了。卫生老师问她哪里不舒服，要不要去医院。张雅哭了起来，而且很伤心，说自己尿血了，内裤上有好多血。卫生老师带她来到卫生室查看，原来是张雅来月经了。卫生老师给她拿来卫生巾，告诉她怎么使用，讲解了卫生知识。

她情绪稳定下来，明白了女孩子每月都要来一次月经，不是病，而是女孩子长大的标志。在经期只要注意不着凉，不吃生冷食物，注意休息，一个星期就会好了。

（1）提前了解女性生理卫生知识。女生进入小学后，就可以听老师讲解生理卫生知识，看学校的卫生宣传栏里的卫生知识画报等。也可以主动去学校的卫生室向卫生老师询问月经的事情，做到心中有数。如果认为不方便问卫生老师，可以问自己的妈妈，让妈妈耐心讲解。

（2）保持好心情。在学校突然来了月经可能会很尴尬，但是要正确对待月经，不要认为是不好意思的事，没有同学会笑话你。控制好情绪，多与同学交流。

（3）科学饮食。不吃生冷、辛辣的食物，吃些容易消化的食物，保证蛋白质、维生素、矿物质的摄入量。

（4）掌握科学的经期护理方法，安全度过每月的生理期。上学前，预先准备好卫生巾，每隔2小时换一次卫生纸（巾），避免细菌滋生。回家后，及时用温水清洗阴部和肛门，勤洗勤换内裤，并用开水烫或在日光下暴晒内裤，起到消毒杀菌的作用。

（5）主动请假，放弃一些不宜参加的活动。如果有体育课、劳动课等，可以与老师协商，暂时不参加，老师会允许的。

在学校，女生突然来月经时不要惊慌，及时和老师说明情况，寻求女老师、女同学和妈妈的帮助。切忌随便使用不卫生的纸巾、餐巾纸等。

12. 男老师"特殊关照"

老师是我们知识的启蒙者与人生的指引者。在女性老师颇多的学校里，男性老师带给你什么样的感受呢？如果遇到男老师对你特殊关照，要提高警惕。

今天的体育课，小兰觉得有些不舒服，也许是来月经的原因。刚刚上课10分钟就有些坚持不住了。小兰找到体育老师请假，由于是男体育老师，小兰没好意思直接说自己来月经了，只是说自己有些头疼，想请假。男体育老师对小兰特别关照，伸手摸她的头，问是不是发烧了，还故意摸她的脸、脖子和胸部，小兰感到男体育老师的动作不雅，立刻走开，直接去找班主任老师说明情况，班主任老师感到问题严重，及时向校领导说明情况，校领导对男体育老师进行了调查，并且提出了警告。

（1）尊重男老师。在学校要尊重男老师，但是要提高警惕性，保持一定的距离，避免单独和男性老师待在封闭或偏僻的空间里。

（2）不要委曲求全。在学校遇到男性老师的威胁和不雅行为时，不要忍受，要及时躲避，而后大声呼喊，迅速报告班主任老师或校长。

（3）不被小恩惠所蒙蔽。学校里遇到男老师后，自然接触，不要轻易接受男性老师的特殊礼物，要保持距离。

极个别的男性老师会利用对女同学的特殊关照来达到自己不可告人的目的。女生不要接受所谓的“关照”，不要为了自己的面子而屈从他人摆布，规矩做人、规矩做事，任何威胁和恫吓都奈何不了你，学校还有其他老师和校长呢。

六、外出旅游

1. 失联了

外出旅游时，特别是进入热门旅游景点地区时，人流量大，人潮拥挤，加上对地理环境不熟悉，很容易与家人或团队失去联系，如果真的遇到这样的情况，你会怎么做呢？

毛毛在“十一”长假期间，与爸妈去外地旅游。路上景色宜人，一家人欣赏不够。看动物表演前，导游交代了集合的时间、地点，游客们便纷纷走向表演场地。毛毛吃着热带水果，看着憨态可掬的大象，可高兴了。表演结束后，游客把爸爸与妈妈和毛毛挤散了。

毛毛看着妈妈，哭着说：“找不到爸爸怎么办呀？”

妈妈安慰毛毛，自信地说：“不急，保持冷静。要有耐心，动脑子想办法，一定能找到。现在我们给爸爸打电话。”说完，妈妈拿起手机开始与爸爸联系。

因为人声嘈杂，爸爸没有听到电话。怎么办？集合的时间快到了，妈妈也着急了，正在这时，广播传出了毛毛的名字，让毛毛和妈妈返回大象表演的地方，爸爸在那里等他们。

原来，爸爸找不到毛毛与妈妈了，急中生智，想出了广播找人的主意。一家人终于在规定的时间赶上了旅游团队。

（1）保持镇定，思考对策。发现与家人、团队失去联系后，不能慌乱，稳住情绪，积极、认真思考对策，因为办法总比困难多。想一想预先的联系方式，想一想对方的电话，想一想集合地点……

（2）请求广播找人。正规的旅游场所有一整套寻人的办法，立刻去问讯处求助，也可去广播站，把要找的人告诉工作人员，通过广播找到失去联系的人。

（3）大胆向工作人员求救。景区里的工作人员多，找不到要找的人时，就积极寻找工作人员、志愿服务者，把情况向他们说明白，得到他们的帮助。情况紧急时，可直接拨打 110 报警。

（4）绝对不能乱走动。与家人、团队走失后，如果一时无法联系上，立刻回到最初走失的地点，保持高度警惕性，待在安全位置不动，认真寻找，仔细听声音，把手机拿在手上，声音开到最大，等待消息。

（5）发送特殊的信号。站在相对较高的地点，挥舞特殊的物件，引起正在寻找你的亲人的注意。如挥舞帽子、红领巾、雨伞、毛巾、旗子、树枝、衣服等。人群中，看见正在寻找你的人时，立刻高声呼喊。

身处异地，万一在不熟悉的地域内走失，千万不要随意走动，避免发生“二次”走失。失去联系后，最好的办法就是原地等候，保持镇定，认真观察，仔细听声。

2. 迷失道路

旅游最担心的事情恐怕就是迷失返回的路了，如果能对这样的意外情况有提前的预想与预案，提早采取措施和办法防备，即便是迷失了返回的道路，少年女生也应从容面对，正确处置。

暑假，初中三年级的小梅与妈妈去外地爬山。妈妈走得慢，她走得快，不一会儿，她就爬上了山顶，把妈妈甩在后面。她站在山顶，开始拍照，忽然看见了一只漂亮的小鸟，高兴地追了过去，七拐八拐地进了半山腰的山谷中，迷失了返回的道路，急得哭了起来。恰巧被巡山的景区管理员发现了，管理员询问情况后，告诉她迷失道路后，不能冒失行走，先仔细观察情况，保证生命安全最重要，认真回忆来时的道路特征，而后观察有无行人经过，如果有行人经过，大声呼喊行人帮助寻找正确的道路。

小梅点点头，在管理员的帮助下，很快找到了来时的道路，重新回到山顶，与妈妈见面了。

「迷失道路」

（1）保持冷静，利用电话寻找。一旦迷失了返回的道路，一定要冷静，可以拿出手机，拨打家人或导游的电话，很快就会取得联系。

（2）借助高科技产品。外出前，可以用手机下载一个百度地图或高德地图，在路线栏输入起始点，即可找到正确的返回路线。

（3）随机呼喊。迷失返回的路线后，不要着急呼喊，先看看有无路人经过，如果有路人经过，再开始高声呼喊，引起路人的注意，得到路人的帮助。

（4）回忆开始的方向点。实在找不到返回路线，先冷静下来，回忆一下进入这片地域前的大体方向，确定后，朝相反的方向走，就能走回去。白天判断方向，可以看太阳的方位（东升西落）；夜间判断方向，可以看北斗星、南极星，确认大致方向。在山地迷失方向后，可先登高远望，根据太阳或远方的参照物，如村庄、水库、公路等，判断应该向什么方向走。如果因为植物茂密判断不准方向，可观察树皮粗细、枝叶茂密与稀疏情况，或爬到高树上寻找远处的参照物，大致确定前进方向。

（5）观察、记忆。进入活动地域时，不要只是想着玩，先看看四周情况，记住一些标志性的建筑、树木、山包、石碑，或景区的标牌指示，储存在大脑中，加深记忆。一旦迷失了道路，仔细回忆一下刚才走过的路，见过的泉水、岩石、大树、河流、洞穴、山峰、岔路口等特殊物体，然后凭自己的记忆寻找自己的足迹，退回到原来的路线上。不要心存侥幸，盲目试着开辟新路线。

（6）正确走法。如果确实找不到原来的路线了，必须自己寻找新路线，可试着找一条河流或小溪，顺着溪流走，一般情况下，溪流迟早会把你引出去，因为道路、居民点常常是临河而筑的。

发现自己迷路了，保持镇定最重要，先不要急着走，要认真观察，寻找蛛丝马迹，坚信自己一定能走出去。

3. 脚上磨出泡

脚上磨出泡是因为脚上局部组织经过长期的强烈摩擦而引起的组织细胞破裂继而产生的“水”泡。

具体原因：鞋子太硬、大小不合适、袜子太粗糙、鞋里进了杂物、地面有坚硬物等。

暑假，初二年级的小凤一家来到庐山游玩避暑。巍峨多姿的群山，大自然的巧夺天工，云山雾罩，让小凤体会到了庐山的大气磅礴。虽然是盛夏季节，可是庐山的气候冷热适宜，和闷热的北方比起来简直是舒服极了。由于每天要走很多山路，爬台阶，小凤的脚后跟磨出了泡，十分痛苦。

其实，小凤自己知道，网上买的这双鞋平时穿着就有点磨脚后跟，可是她比较喜欢这双鞋，所以出来旅游时就穿上了。没想到伤了脚。为了不让伤口感染，这几天爬山的行程暂时被取消了，留下了很多遗憾。

（1）停止走动，查找原因。发现有了水泡后，立刻停止走动，检查一下起泡的原因，如果是鞋不合适，立刻换适合自己脚的鞋。如果是袜子、鞋垫的问题，及时更换袜子与鞋垫。如果鞋里进了异物，全部倒出去。如果是道路问题，选择新的道路。

（2）正确处理。一是用温热水洗干净脚与脚上的水泡；二是用干净的毛巾擦干净，保持脚的干燥；三是均匀涂上酒精消毒；四是使用专用的消过毒的针或剪刀将泡弄开个小口子，放出液体，用干净的棉球擦干水泡周围；五是再一次用酒精涂抹刺开的水泡，对伤口周围进行消毒；六是用创可贴包扎好。

（3）纠正不良走路方式。观察自己的走路姿势、着力点、速度等，走路速度不能过快，双脚着地不能偏一侧着力，行走速度保持均匀，步伐要平稳，全脚掌缓慢着地。

（4）学会保护脚。当日旅游结束后，如果有时间，不要马上睡觉，最好用热水泡泡脚，保持脚的卫生、血液循环顺畅。

绝对不能用不干净的坚硬物体刺破水泡，也不能用不干净的布包扎破水的水泡，保持破水水泡的干燥、卫生。

4. 晕船

外出旅游时，经常遇到、看到、听到晕车与晕船的人与事。你有这样的现象发生吗？一旦发生了晕车、晕船，你知道怎么办吗？

夏天，上小学的兰兰与爸爸一起去海边旅游。清晨，看完日出，爸爸联系了一条渔船，随着渔民一起到深海区打捞鱼虾。

初次出海到深海区，第一次自己撒网捕鱼，兰兰很兴奋。船长问还要不要去往更深的区域捕捞，爸爸和兰兰表示同意。可是，船越往深处走，海风越大，渔船也越晃动。忽低忽高的浪头推送着渔船来回摇摆，很快兰兰感到眼晕了，开始恶心，一阵呕吐……再也没有欣赏海景的好心情了，也不能享受捕鱼的快乐了。

（1）注意饮食。女生乘船、乘车前不要吃得太饱，也不能完全空腹，应适量吃些容易消化的食物。乘船、乘车时，最好不要吃东西，更不能喝酒。

（2）注意休息。旅游中，一定要休息好，特别是乘船、乘车的前一天，应保证充足的睡眠和良好的精神状态，不能过于兴奋与疲劳。

（3）注意着装。根据乘船、乘车的时间、温度、天气、人员、座位次序等情况，选择适合的衣服，不宜过暖，不能包裹得太严实，以防闷热，引起身体不适。

（4）遵照医嘱锻炼身体、吃药。旅游前，可以去医院咨询医生，在医生的指导下，进行适应性训练，同时备好一些防晕药物，适时服用预防。

（5）民间偏方。乘船、乘车时，双手不断按摩肚脐眼，或在肚脐眼上放一片生姜。乘船、乘车前，喝点醋，可减轻眩晕、呕吐症状。

（6）正确隔绝。一是视觉隔绝，闭眼休息，或戴黑色眼罩；二是声音隔绝，塞上耳塞，防止奇怪的刺激声音干扰；三是嗅觉隔绝，轮船、汽车上的各种味道皆可引起头晕，可以戴口罩，避免呼吸道受刺激。

（7）排空“二便”。乘船、乘车前，要排空大小便，不要憋着，以免引起胃肠的不适，情绪不稳，诱发头晕。

船舱内如果太憋闷，到甲板上吹吹海风。乘车时，可以坐前座，开开窗户。不要在摇晃严重的船上、车上读书、玩手机、看电视等。

5. 预测天气

天气往往是女生安排旅游出行的重要参考因素，对于小范围区域来说，气象台的天气预报有可能不准确，这种情况下，就需要掌握一些预测天气的经验与方法，以保证旅游安全顺利，减少麻烦。

暑假，13 岁的小君去郊区的姥姥家玩，中午吃完饭，姥姥家的院子（菜地）里来了很多蜻蜓低空飞舞，还有很多蚯蚓从地里钻出来，一些蚂蚁也排成队急匆匆地爬行。小君十分好奇，大声问姥姥为什么有这么多的蜻蜓、蚯蚓与蚂蚁呢？

姥姥笑了笑，夸赞小君会观察，认真地说一会儿就会下雨，我们进屋吧。小君望着晴朗的天，一脸茫然，心里嘀咕：是晴天呀，怎么会下雨呢？姥姥是不是眼睛花了呢？

进屋不久，天空乌云密布，大雨来临，小君向姥姥投去了敬佩的目光。

（1）人体变化预示着天气变化。人体与天气变化情况有一种神秘关系，通过身体的感觉，能预测出天气变化情况。如疤痕在阴雨天的前夕发痒；受过伤的关节会疼；患有风湿的病人遇到特殊的天气会感觉疼痛增加，等等。很多物体能感知天气变化情况，非常奇特。

（2）物体变化预示天气变化。现实生活中，很多物体能感知天气变化情况，很奇特。如水缸外面有水珠时，说明要下雨了；山谷中的岩石发出“刺啦”响声时，可能要有泥石流或滑坡；树皮黏糊、流汁液时，可能要下雨。

（3）动物是预报天气的高手。一些动物在进化过程中，知道了大自然的天气变化规律，能准确预报天气。如蚂蚁在洞穴周围筑巢或急匆匆地排队爬行，表明雨天即将到来；下雨前，昆虫在离地面较近的地方飞行；雨前，蜻蜓匆忙低飞；蚯蚓钻出地面时，说明要下雨了；鱼儿跳出水面时，说明要下雨；甲鱼爬上岸，说明要下雨；螃蟹钻出淤泥，爬上高处，说明要下雨；知了叫得欢，说明是晴天。

（4）月亮与天气。夜间，月圆的时候，往往晴天居多，这个时间集中在阴历每月中旬。月缺的时候，往往是阴雨天居多，这个时间集中在阴历上旬和下旬。当晴空出现月晕时，在春天，预示着天气将转暖；在夏天，则预示着阴雨、大风天气要到来；秋冬，则预示着阴冷起风天气即将来临。

（5）观察太阳。夏天，晴天时，傍晚太阳下山，四周远处出现灰色雾状的带状云，往往是天气变化的征兆，预示着阴雨天的到来，可能明天阴天或有雨。如果晚上太阳落山时，出现红彤彤的霞光，说明明天天气好，可以放心出行；如果早上出现红彤彤的霞光，说明要下雨了，最好不出门。

外出的时候，少年女生可以使用智能手机，到网上搜索所在地域一周之内的天气情况，看看网友的留言，心中有数。

6. 中暑

在户外运动的人，因为长时间暴晒在强烈的阳光下，身体内的热量未能充分散发出去，导致体温升高，大脑内部的体温调节中枢受到破坏，从而“罢工”，导致身体出现不适，这就是中暑。

暑假，气温炎热。妈妈叮嘱7岁的盼盼老实待在家里，别出去乱跑。可是刚上一年级的盼盼哪里坐得住。她趁着爸妈上班家里没人，中午，偷偷去小区外面的草地上抓蚂蚱。

户外，气温接近40℃，热得像蒸笼一样，没有一丝风，盼盼只顾着找蚂蚱了，没有休息，也没有带水，玩了3小时。回家后，盼盼满脸通红、头晕、恶心、视物模糊、没有精神、全身无力、呼吸困难，一头倒在沙发上睡着了，直到妈妈回来发现盼盼心跳、呼吸异常，急忙打了120救护电话。医生及时赶来，经过检查，确诊为中暑，立刻进行了应急治疗，盼盼恢复了意识，表示以后再也不敢中午独自乱出门了。

（1）正确处理。发现自己中暑后，立刻停止活动，躲避在阴凉、通风处降温，同时用冷湿的毛巾敷在头上，如果有冷水袋，放在头部、腋下，以及腹股沟等血管丰富的地方。如果有冰袋更好，可以用冷水擦皮肤，直到皮肤发红。也可以用扇子扇，迅速散热，使体温逐渐降下来。如果心跳、呼吸异常，神志模糊，立刻拨打120，去医院治疗，不能耽误。

(2) 预防最关键。夏季外出，天气炎热时，可以准备好绿豆汤、酸梅汤、菊花水等，都是预防中暑的饮料。天气炎热时，尽量减少户外活动，多喝水。外出时，避免暴晒，最好打遮阳伞，或戴草帽。避免过度劳累，保证充足的休息和睡眠。外出时，准备好人丹、十滴水、藿香正气水等，需要时，按照医生或说明书的要求正确使用。室内要经常通风，保持合适的温度。

(3) 合理着装。盛夏外出，要根据气温情况，及时更换衣服，不能把自己裹得太严实，以免影响身体散热。

炎热的夏季，应尽量避免长时间在烈日下直晒，穿肥大、浅色的衣服，并注意吃好、喝足水、睡好，保持好心情。

7. 食物中毒

食物中毒发病往往很快，有头痛、发热、胃肠饱闷、恶心、呕吐、腹痛等症状，严重的还会肌肉麻痹、抽搐、昏迷、意识模糊、说胡话、心肺功能紊乱，甚至死亡。

13岁的小燕最喜欢吃“烤串”，每次都是妈妈买来食材在家里烤。今天，妈妈出差了，大概半个月才能回来。小燕馋得忍不住了，周末下午，悄悄出门在街边的流动摊位上吃了10多串烤串。

晚上，她开始发高烧，上吐下泻，烦躁不安，呼吸困难，全身哆嗦。爸爸连夜把她送到医院，住院治疗，输液、打针，受了不少罪，医生说是食物中毒，与吃烤串有关系。

（1）预防最重要。一要管住嘴，不能贪吃，对于入嘴的食物，一定要心中有数。二要科学保管，购买的食物，不能立刻吃完时，要注意密封好，低温保存，冰箱不是保险箱，长时间放置食物，也会滋生细菌，需要特别提高警惕。三防苍蝇、老鼠、蟑螂偷吃食物、污染食物。

（2）保护性呕吐。如果发生了食物中毒，或感觉入嘴的食物有问题，应以最快的速度强迫自己呕吐。方法是：可以用干净的手指轻探喉咙处，刺激喉咙反射区，强行吐出食物。

（3）不能麻痹大意。吃完食物后，感到身体不适，要及时告诉家长、老师，以免耽误病情。腹痛时，可用热水袋敷，注腹部保暖。吐泻时，要暂时停止进食，待病情好转后，再吃一些容易消化的流质或半流质食物。如果病情来势汹汹，要立刻告诉家长、老师，去医院治疗。卧床休息时，多喝白开水、绿豆汤，有降低疼痛和解毒的作用。

(4) 拨打 120 电话。女生独自在家发生食物中毒，家长一时赶不回来，可以直接拨打 120 电话，请医生到家治疗，以免耽误病情。如果在学校发生了食物中毒，立刻报告老师。

(5) 不能乱吃止痛药。食物中毒后，肚子疼痛难忍时，不能擅自吃止痛药，一定要经过医生诊治以后，按照医嘱吃药。

无论什么情况下，预防食物中毒最有效的方法就是把住“病从口入”这一关，不随意吃可疑食品。

8. 蜂蜇了

蜜蜂给人的感觉是勤劳善良的，可是它发脾气时，就不那么可爱了。如果蜜蜂蜇到了你，你知道该怎么做吗？如果遇到了马蜂等凶猛的蜂类攻击，女生知道如何处理被蜇的伤口吗？

13 岁的小昕特别喜欢与同学们玩“藏猫猫”，暑假的一天，住在同一小区里的几个同学约好在公园里玩“藏猫猫”。为了藏得更隐蔽，小昕钻进了灌木丛中，不小心碰到马蜂，马蜂连续朝小昕攻击，蜇的小昕身上起了几个红疙瘩，疼得她哇哇直哭。妈妈赶紧送小昕去医院。吓得小昕几天不敢出门了见到马蜂就想尿尿。

（1）观察四周情况。外出时，无论处于什么位置，都要留心观察周围情况，看看有无蜂出现，有无隐藏的蜂窝，如果发现了蜂或蜂窝，要谨慎小心，最好绕道走，不要招惹蜂。

（2）正确处理伤口。一旦被蜇了，一要保持镇定，坚强地忍受着，不要哭闹；二要寻找毒刺，蜇口位置如果残留毒刺，应立即拔掉；三要及时用温开水、肥皂水、矿泉水或盐水清洁创伤，避免感染；四要均匀涂抹万花油、红花油、清凉油、花露水等。

（3）民间偏方。可以把生姜、大蒜、马齿苋（野菜）、苦妈子（野菜）等捣烂、嚼烂，均匀涂在蜇伤处；也可以用柳树嫩叶捣碎涂抹蜇处；还可以用唾液涂抹在蜇伤点。

（4）尽早去医院。被蜇后，若是出现头疼、头昏、厌恶、呕吐、烦躁、发烧、抽搐等症状时，应立即到医院医治。

蜜蜂与马蜂不同，它们有很大的区别，野外要注意观察与区分。蜜蜂与马蜂一般不轻易攻击人，所以，千万别有意招惹蜂。

9. “上火”了

牙疼、舌头长红疙瘩、嘴角长泡、大便干燥……女生是不是经常听到这样说“上火了”的话呢？一旦“上火”了，有没有降火的好办法呢？你知道该怎么办吗？

暑假期间，11 岁的小月参加夏令营活动，几乎零食不离嘴，饼干、花生、瓜子、松子、榛子、糖果、蚕豆等，又担心要去卫生间，不愿意多喝水，渴了就忍受着。夜间，在房间里不睡觉，熬夜看电视，吃小食品。

几天后，她的嘴角长疱，鼻子干燥、流血，大便干燥，偶尔还便血，脾气也变得有些暴躁。

老师赶快带她去医院检查，医生说是“上火”，主要原因是喝水少、吃零食、熬夜看电视。嘱咐她多喝水，多吃蔬菜，少吃零食，不熬夜。

听了医生的话，小月按时吃药，不熬夜看电视了，同时改吃清淡食物，多喝水，逐渐消除了症状。

安全处方

（1）休息好。外出旅游，一定要休息好，尽量早睡，不能熬夜，更不能连续活动，千万不能过度透支体力。

（2）多喝水，讲究喝水的方法。水在体内的作用极大，水充足，有利于降火，所以要随时补充白开水。每次不要喝太多，勤喝、少喝、慢喝。

（3）合理饮食。旅游活动量大，特别消耗体力，必须吃好，保证营养与能量供给。粗细搭配，荤素搭配，每次吃七成饱，不偏食，少吃辛辣、煎炸等热性食品。

（4）携带必要的降火药。“去火”的方法很多，在医生的指导下，可以服用一些清热、解毒的药物，也可用拔罐、推拿、按摩等方法“去火”。另外，每天热水泡脚30分钟，出出汗，也能起到“去火”的作用。

(5) 多吃水果。有些水果有“去火”的功效，可以适当吃一些。如火龙果、西瓜、梨等。

(6) 及时排除“二便”。旅游中，不能憋着大小便，养成按时排便的好习惯，避免内火积聚。

旅游中保持良好的心态，保持正常的生活规律，劳逸结合，多做广播体操，对于预防上火很有益处。

10. 行走

人类区别于动物的标志之一是直立行走，婴儿长大后的重要标志之一也是行走。行走是一个司空见惯的话题，贯穿于人们的一生。旅游中，真正地走起路来，女生们知道怎么走吗？

14岁的小玖与爸爸外出旅游，参观景点时，看见山崖下的景色特别好。急忙拿出照相机，边走边拍照。

由于只顾拍照，没有注意脚下安全，一脚踩空，摔倒在悬崖边，差一点就掉下去，多亏爸爸拉住了她。

小玖看着百米深的悬崖，吓得脸色苍白，全身哆嗦，小便失禁了。

安全处方

（1）各行其道。女生在道路上行走时，按惯例与规则应该走右侧一方。遵循这个规定，人们走路时就不会互相交叉，互相影响，从而保持行进的顺畅和安全。

（2）不左顾右盼。走路的时候，注意力要集中，抬头挺胸，不要看书报、低头看手机等，因为这样往往容易和别人相撞，万一撞倒了老人、病人、幼儿，后果严重。注意路面情况，看看有无陷阱、暗井、坚硬物品等。注意头顶情况，看看有无可能出现的危险坠落物等。注意一个基本安全原则，走路不观景，观景不走路。

（3）遵守公德，不影响别人。相识的两个人或多人一起走路时，宜单线前进，不应并排行走。人行道宽度是有限的，为确保来往的行人正常通行，熟人或同学在一起走路时，要单线行进，不要并排行走，以免影响别人的通行。在道路上行走时，应保持一定的速度，不宜在人行道上散步或飞奔，确保人们顺利通行，不能因你的速度快或慢，影响大家行走。不能在道路上随意乱扔东西，以免砸伤行人，或引发行人摔伤事故。

（4）严格遵守交通安全。横过马路时，必须走人行横道，绝对不能在机动车流中穿行，绝对不翻越护栏。严格遵守交通规则，熟悉交通标志、路牌、标线的规定，不要横穿公路。

（5）不逞能。旅游中，有些道路特殊，有些地方甚至没有道路，需要谨慎行走，眼观六路，耳听八方，随时随地保护好自己。如注意泥石流的前兆，注意野兽的偷袭，注意滚石的袭击，注意蚊虫的叮咬等。

人行道是专为行人走路设置的道路，也是走路时最安全的地方，因此，不管马路多么拥挤或多么宽敞，都要在人行道上行走，确保安全。

11. 家长突然生病了

从小到大，女生是否习惯了父母的照顾呢？是否完全依赖于父母的照顾呢？仔细想一想，平时的生活、学习中，真的离不开父母的呵护。可是，当有一天爸爸妈妈生病了，你想过如何照顾他们吗？

春节了，12 岁的小芳一家人去南方游玩，一整天的森林徒步走，让一家人特别开心。晚上，她和妈妈住一个房间。一天的劳累，小芳很快睡着了，迷糊中，她听到妈妈呼吸声异常，痛苦地呻吟着。

以前，小芳只知道妈妈心脏不好，但是从没有见过这样的状况。她想起了学校老师讲的家庭急救常识课，快速起身，叫醒了隔壁的爸爸。

爸爸急忙拿来了速效救心丸给妈妈服下，同时立刻拨打了120急救电话。医生及时赶到，紧急治疗后，妈妈恢复了正常。

医生夸赞小芳的素质高，临危不乱，是个孝顺的孩子。

安全处方

（1）关注父母的身体健康。平日里多了解父母的身体状况，确保外出旅游生病时，知道怎么应对，知道采取何种救护方式。

（2）了解携带的特殊药物。知道父母身体的状况后，出门旅游前，嘱咐父母携带必要的药物，并认真询问药品有哪些、放在什么地方，以备急需。

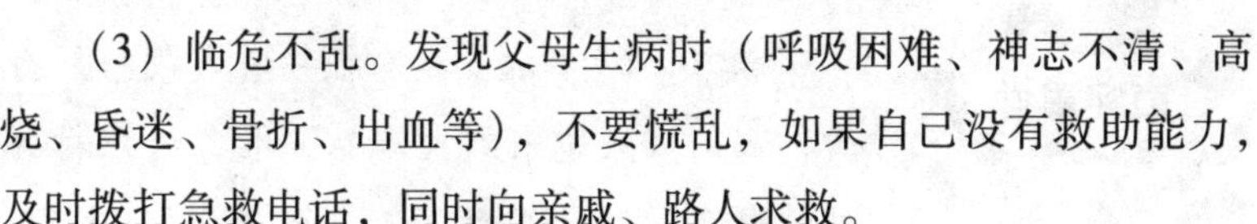

（3）临危不乱。发现父母生病时（呼吸困难、神志不清、高烧、昏迷、骨折、出血等），不要慌乱，如果自己没有救助能力，及时拨打急救电话，同时向亲戚、路人求救。

（4）细心照顾、陪伴病人。女生都知道“孝”字的含义，关键时候就要体现出来，父母突然生病需要照顾，女生们要勇敢地“顶”上去，拨打120电话、搀扶、喂饭、喂水、擦洗、送信、买东西、换洗衣服等，无微不至地照顾父母。

旅游途中遇到父母生病情况，一定要沉着冷静，无微不至地照顾好父母，遵照父母的意见办好每件事，必要时寻求当地工作人员的帮助。

12. 乘车综合征

女生知道“乘车综合征”吗？所谓的“乘车综合征”就是指长时间乘车的人，由于体力不支，精神疲倦，空间狭窄单调，引发神经焦虑、烦躁不安等急性精神障碍疾病，通常会出现鼻塞、头昏、打喷嚏、耳鸣、乏力、记忆力减退等症状，以及一些皮肤过敏（如皮肤发紧发干、起疙瘩、皮肤瘙痒等）、失眠、胸闷、精神紧张等症状，少数人会失去自控，甚至出现跳车、精神失常等过激行为。

春节，12 岁的女生小征一家人收拾好行囊，高高兴兴地来到火车站，准备给农村的姥姥拜年。由于临近春节，火车上人很多。小征头一天晚上没有休息好，上车后，便倒在妈妈的怀里睡觉。火车到达车站停靠的时候，小征猛地站起来后，突然晕倒了，眼睛无神，满嘴说胡话，谁也听不懂。

爸爸妈妈吓坏了，在民警和客运值班员的帮助下，将小征抬下车，并立即拨打了 120 电话。医生赶到后，对小征进行检查，发现小征身体并无大碍，只是在封闭环境中待得太久了，氧气不足，导致神经功能紊乱，也就是俗称的“乘车综合征”。

（1）预防最重要。旅游前，保持自然心情，不要过于激动与兴奋。该睡就睡，务必要休息好，保持乐观的心态。

（2）注意饮食，保证营养摄取。旅游中，如果是短途车，最好不吃东西，以免引起同车人的反感。如果是长途车，最好去餐车吃。食物应以容易消化、营养丰富、清淡、可口为宜。

（3）见缝插针，适当活动身体。远途乘车，其实也很累，要见缝插针，适当活动，不能只是坐着睡觉，因为坐着睡觉，容易塌腰，窝着肺，越睡越累。活动时，根据车内的情况，可以做“静操”，可以做“动操”，可以调理呼吸，总之不能长时间坐着、躺着。

（4）转移注意力。由于长时间乘车，容易引起疲劳与烦躁，可以听音乐、看看电影、玩玩游戏、聊聊天、变个戏法、默念唐诗宋词、观看车外的美景等。可以听家长讲故事，回忆童年时的趣事。

车内由于人多、密闭、空间狭小，空气流通不畅、氧气少，要经常开车内的窗户，通风透气，或在车厢的空闲处走一走。

13. 遇到小偷

旅游中，如果被小偷偷了自己的东西，丢失了财物，影响了正常旅游计划，很令人扫兴。虽然小偷是极少数，但是一旦让你遇到，100%的麻烦就来了，你该如何应对呢？

14岁的小芬与妈妈去郊区旅游，拿着新买的手机拍照，特别兴奋。中午吃饭时，大家热热闹闹地进入了餐厅。妈妈去卫生间，让小芬帮着看好包。

香喷喷的农家菜上来了，小芬看着新颖的农家菜，立刻拿出手机拍，忘记了妈妈交给自己保管的包，被一个混在旅游人群中的小偷“顺”走了。

妈妈回来时，发现包不见了（包里面有妈妈的身份证、银行卡、现金等）气得饭也没有吃，旅游的心情一点也没有了。

（1）遇事保持冷静。旅游中，无论在什么地方遇到小偷时，都不要惊慌，立刻思考对策，在保证安全的情况下，采取各种灵活的方式，暗中告诉家长、老师或带队人员，不能惊动小偷，以免小偷狗急跳墙，与你拼命。

（2）生命最重要。万一被小偷抢走东西，不要与小偷拼命，要坚持一个最重要的原则，确保自身生命安全，必要时可以舍弃财产。万一小偷狗急跳墙，拿出凶器与你拼命，要机智、勇敢地应对，积极自卫，或呼喊路人帮助。

（3）及时报警求助。如果发现了小偷，记住小偷的特征、行窃地点、时间，巧妙地报警，警察赶到后，及时提供线索，很快就会抓到小偷。

（4）保管好财物。旅游时，人多、杂乱、换乘频繁，必须要集中精力，保管好财物，不能一心二用，不给小偷机会。

务必遵循生命第一，财产第二的原则，任何情况下都应该先保护生命，不论是自己的还是他人的。

14. 遇到毒蛇

女生们看见过毒蛇吗？样子是不是很恐怖呢？毒蛇是指能分泌特殊毒液的蛇类，毒蛇比较狡诈，性格暴躁，它们是出击狠毒的“捕食者”。毒蛇敏锐的感官，让猎物无处逃窜；毒蛇诡异的攻击，让死亡如影随形。毒蛇是美丽的动物，也是邪恶的化身。毒蛇的唾液通常从尖牙射出，用来麻痹猎物。

12 岁的小鑫暑假来到农村的外婆家，外婆家在南方的山区里，最大的特点是山多、林多、水多、鸟多、昆虫多、青蛙多、毒蛇多。

一天早上，她去姥姥家菜园子采摘豆角，看见豆角架子上有一条“绳子”，没有多想，伸手就拉绳子，突然绳子动了起来，头部猛转向小鑫，吓得小鑫倒退几步，摔倒在菜地，幸亏外婆及时赶来，赶走了蛇。同时，嘱咐小鑫一定要注意菜地里、草地里隐藏的蛇，不能看花眼，不能把蛇当成绳子。因为，蛇的伪装性非常好。

（1）快速躲避，不招惹，积极防御。旅游中，万一遇到蛇：第一，要保持镇定，寻找迂回躲避路线，不与蛇缠斗。第二，携带自卫“武器”。行走时，最好拿一根树棍子，遇到毒蛇攻击时，用树棍子反击，不让毒蛇近身攻击。

（2）迅速处置，争分夺秒。一旦被蛇咬伤：一是立刻查看伤口里是否留有毒牙，如果留有毒牙，立刻拔出。二是静卧少动，避免毒液蔓延。三是迅速清洗伤口，可以用冷茶水、淡盐水、冷开水、矿泉水、肥皂水反复清洗，同时将伤口里的有毒血液挤出来。四是立刻按照医嘱，按时、按量服用预先准备的解蛇毒药。五是野外情况紧急时，在送医院途中，应用布条、医用绷带扎紧被毒蛇咬伤部位处上方位置，每扎 15 分钟就解开放松半分钟，防止肢体坏死。

（3）判断蛇是否有毒。毒蛇有毒牙和毒腺，头大多为三角形，牙齿较长，花纹鲜艳，看上去凶猛。如果两排伤口的顶端有两个特别粗而深的牙痕，是毒蛇的概率大。如果没有经验，一时无法判断是不是毒蛇，要按照毒蛇咬伤来处理伤口与治疗。

旅游过程中，进入复杂地域时，应该提高警惕，时刻注意观察道路前面、两侧树木与草丛情况。特别要留心隐藏在岩石缝隙中的毒蛇。

15. 遇到蝎子

女生看见过蝎子吗？蝎子样子很可怕，给人恐怖感、邪恶感。蝎子怕光，白天隐藏于乱石堆、泥穴、木板、壁缝、墙角、枯叶内，夜间爬出觅食。当女生在户外旅游时，一旦惊动或闯入蝎子的领域，就容易被蜇。

暑假，9岁的淼淼跟随妈妈来到姥姥家。对于一直在城市生活的淼淼而言，这里绝对是个玩乐的天堂。各种没见过的植物、千奇百怪的小昆虫吸引着淼淼。

一天正午，她来到院外的一棵大树下看书，看着看着就困了，躺在大树根部睡着了。忽然，她觉得小腿像被“针”刺了一下，仔细一看，一只蝎子逃跑了，小腿一片红肿。吓得她边哭边往回跑。妈妈出来赶紧用肥皂水给淼淼清洗，过了一会，淼淼感觉不疼了。妈妈告诉淼淼，当地蝎子特别多，不能随地躺卧。这里的老乡们常常在劳动时被蜇，不过这里蝎子毒性小，不用紧张。

（1）控制情绪，保持镇定，及时去医院。被蝎子蜇到后，不要慌张，被一只蝎子蜇了，依据个人体质不同产生痛感的时间也会不同，只要不是国外的剧毒沙漠蝎，不必惊慌，国内的蝎子大都是微毒。一般情况下，被蝎子蜇伤处常发生大片红肿、剧痛，如果伤口没有感染，几天后，症状会消失，不会有生命危险。如果是被数只蝎子蜇了，就要及时到医院处理。

（2）立刻处理伤口。一是要保持冷静，不恐慌；二是要进行必要的自救，把蜇伤部位的毒用力挤出来；三是用浓肥皂水、洗衣粉水冲洗伤处几分钟，疼痛感便会减轻；四是蜇伤点如果在四肢，准确地拔出毒钩，涂抹专用的解毒药膏。必要时立刻去医院，请医生切开伤口，抽取毒汁，处理伤口。

（3）民间偏方。即刻用清凉油、活蜘蛛或蜗牛捣碎，敷在伤口处，可以缓解症状。如有条件的话，也可以用拔火罐、吸奶器对准伤口点，吸出毒液。吸毒液时，需要反复吸，直到把被污染的血液吸干净，流出鲜红的血液为止。

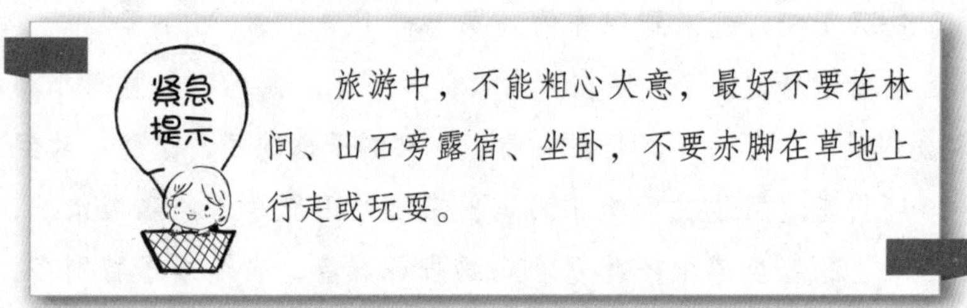

16. 雪盲症

雪盲的特点是眼睑红肿、结膜充血水肿、有剧烈的异物感和疼痛，症状是怕光、流泪和睁不开眼，发病期间会有视物模糊的情况。

寒假，11 岁的小丽与妈妈来到东北的姥姥家。一望无垠的雪地，让小丽感慨大自然的造化与神奇。午饭后，妈妈带着小丽在雪地上玩耍，滚雪球、打雪仗，好不热闹。中午的阳光照在雪地上很刺眼，忙着玩闹的小丽丝毫没有在意。一个下午过去了，回家的路上，小丽觉得眼睛有些模糊，以为是打雪仗时，雪进了眼睛里，没有在意。

晚上，小丽的眼睛红肿、疼痛、流眼泪。妈妈赶紧带着小丽来到医院。医生说小丽患了雪盲症。原因是在雪地里玩耍时间太长，被雪地反射的阳光刺伤了眼睛。医生给小丽开了眼药，安慰小丽不要着急，按时用药，几天就能恢复。

（1）预防是关键，佩戴保护眼镜。白天在雪地里玩耍，要佩戴防紫外线的太阳镜，或特殊材料制成的防紫外线的透镜，或蛙镜式的全罩式灰色防护镜，不能随意凑合。一定要注意，劣质太阳镜不但不能保护眼睛，反而伤害眼睛。雪地中玩耍、嬉戏，控制好时间，不能过久，注意健康用眼。

（2）加强营养，增强抵抗力。眼睛发育需要特殊的营养，特别是需要及时补充维生素 A、维生素 B 族、维生素 C 和维生素 E 等，平时或旅游中，应多吃动物肝脏、胡萝卜、海产品、含维生素多的水果与蔬菜。

（3）积极治疗，不能耽误。雪地活动中，感到眼睛不舒服，怀疑得了雪盲症时，立刻用眼罩，或干净的纱布覆盖眼睛，不要勉强用眼，并尽快就医。如果不严重，雪盲症的症状可在三天内消失。

不要轻视雪盲症，要从预防上想办法，掌握雪地中保护眼睛的方法，不能麻痹大意。

17. 冻疮

冻疮常见于冬季，是由于气候寒冷引起的局部皮肤组织损害。严重的冻伤，可使皮肤表面出现水泡、溃疡，病程缓慢，气候转暖后自愈，但容易复发。

冬天，女生外出旅游时，可能会因为天气寒冷，保暖措施不好，引发冻伤。虽然冻伤不是什么大病，可是痒痒起来的时候，也让人难受。特别是红肿的地方，露在外面，也让别人看着不舒服。

11岁的小辉喜欢洁白的雪花，寒假到了，妈妈带她来到东北看雪。她最大的感触就是冻得全身哆嗦，张嘴困难，话都不想说。

出门旅游前，小辉虽然准备好了保暖衣

物，但是在零下30多℃的气温中玩耍，还是感受到了在冰冷的雪地里是什么滋味了。妈妈与小辉一起坐“狗拉爬犁”、堆雪人等，2小时过去了，小辉觉得耳朵疼，脚丫子僵直。晚上回到旅馆，小辉感到耳朵与脚都痒痒，非常难受，照镜子一看，发现耳朵起了水泡。急忙脱鞋看自己的大脚趾，发现又红又痒，也有水泡，赶快告诉妈妈。

妈妈赶紧打来了温水，帮小辉洗耳朵、洗脚，之后用香蕉肉涂擦，又出门买来了冻疮药膏，一阵忙活后，小辉觉得好多了。

安全处方

（1）加强体育锻炼，增强耐寒能力。俗话说“冬练三九”，冬天不要惧怕寒冷，越缩在家里，适应寒冷的能力越弱。旅游前，要加强适合自身条件的体育锻炼，如长跑、武术、跳绳、游泳等。

（2）合理饮食，增加热量。冬季外出旅游，饮食上要有讲究，多吃热量高的食物，如牛肉、羊肉、鹿肉、驴肉、花生、奶制品、巧克力、红糖等。

（3）日常预防，耐心细致。一是交替泡脚，找两个洗脚盆，一个盆里的水温是自然温度，另一个盆里的水温是45℃，把手脚浸泡在自然温度的水中5分钟，然后再浸泡于高温水中5分钟，每天重复3次，可以锻炼血管的收缩和扩张功能，减少冻疮的发生。二是利用每天洗手、脸、脚的间隙，轻轻揉擦皮肤，至微热为止，以促进血液循环，消除微循环障碍，达到“流通血脉”的目的。三是坚持冷水浴，冷水浴可以促进身体对外界温度的适应能力。四是着装正确，保暖性能好。冬季外出旅游，一定要详细了解当地的气温，及时购买保暖性能好的衣服、帽子、鞋、手套、袜子、护耳等，不能仓促外出。

（4）正确处理，减少痛苦。当你发现自己或是身边的人被冻伤后，要立刻离开寒冷的地方，然后进入较温暖的地方，这个时候，快点脱去已经湿了的衣服和鞋袜，然后继续待在温暖的房间，等待身体自行缓解。如果冻伤了，尤其是手部冻伤了，不要去烤火，因为这样，容易使手部组织受热过快，而导致溃烂。治疗冻伤的方法很多，民间也有很多经验，现介绍几种。

一是用热盐水洗。把水烧到大开后，倒入脸盆中，然后倒入适量的盐，等水温度降到不烫手的时候，把冻坏了的手、脚泡进去，最好伴有按摩冻伤的地方，让血液得到舒畅流通，每天可坚持泡 10 ~ 15 分钟，连续 7 天后，就会收到很好的效果了。用热盐水洗的同时，配合冻疮药擦拭，效果会更好。

二是用香蕉肉擦涂。先用热水把冻伤的地方清洗干净，然后取新鲜的香蕉一根，去掉皮后，开始用香蕉的肉来擦涂被冻坏了的部位，留在伤口上的渣千万不要洗掉，一天两次、几天后，冻疮就会痊愈了。

三是用辣椒枝水洗。把切好的辣椒与辣椒枝放入清水里，煮到沸腾，然后倒入脸盆，等温度降到不烫手时，把冻疮部位放进去，抓辣椒枝，搓冻疮处，可达到治愈的效果。

四是用冬青煮水洗。把冬青的叶和枝一起放进锅里，倒入清水，煮到沸腾后，倒入脸盆，稍凉后（感到不烫手为止），把冻疮部位放进去，就可以了。

五是用鸡蛋皮煎汤。打几个鸡蛋，只用鸡蛋皮，然后放水里，煎成汤后，水温降低到不烫手了，把冻伤的部位放进水里，反复搓洗。

如果冻疮严重，不能硬扛着，要去医院看医生，在医生的指导下，正确治疗，涂抹冻疮膏。

18. 被狗及其他动物抓伤

当下，宠物越来越多地受到女生的喜爱，它们的萌态、可爱、调皮、嬉戏，会让女生不自觉地亲近它们。可是，当萌宠们发脾气时，女生想过没有，会不会被抓伤、咬伤呢？你知道被狗及其他动物抓伤后，怎么办吗？

清明节小长假，爸妈带着10岁的小宇来到郊区赏花。天气晴暖，花香四溢，一家人都陶醉在美好的春光里。

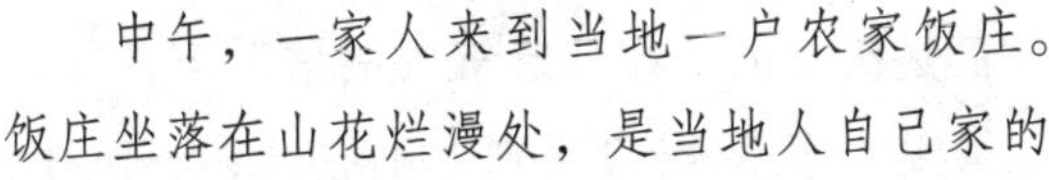

中午，一家人来到当地一户农家饭庄。饭庄坐落在山花烂漫处，是当地人自己家的庭院。吃饭间隙，小宇看到院子里鸡鸭成群，还有一只黄白相间的大花猫跟随着。小宇觉得这只猫能和鸡鸭们和睦相处，一定很乖，不自觉地走上前去摸大花猫，摸着不过瘾，还抱起了大花猫。

突然，大花猫眼睛一瞪，恶狠狠地咬了小宇的手，一下子几颗清晰的牙印出现在小宇的手上。饭店老板闻讯赶紧跑出来，带着她来到水龙头前冲洗，道歉说大花猫咪最近处在发情期，脾气暴躁，她身上的气味，猫咪不熟悉，所以就乱咬了。爸妈连饭都没顾上吃，在老板的带领下，来到附近防疫站给小宇注射了狂犬疫苗。

（1）保持警惕，不要招惹动物。无论遇到的动物多么温顺，都要保持一定的警惕性，因为动物的本性是改不了的，牢记五不原则：一不随意乱打动物；二不抱、亲动物；三不与动物同眠；四不与动物嬉戏；五不虐待动物。

（2）不能麻痹大意，要认真处理。一旦不小心被狗、猫及其他有可能携带狂犬病毒的动物咬伤、抓伤，不能麻痹大意。一是立刻查看被咬、被抓的地方是否破皮出血，如果没有破皮或出血，就不要紧张，应该没有什么大事。如果有损伤、出血，应立即用干净的清水彻底冲洗伤口。二是以伤口为中心点，由外向内挤压伤口，排去带毒液的污血。如果有条件的话，可用火罐拔毒。三是使用20%的肥皂水彻底清洗伤口，再用清水洗净，如果伤口像瓣膜一样闭合着，必须分开伤口，进行冲洗。四是不能包扎。狂犬病毒是厌氧的，在缺乏氧气的情况下，狂犬病毒会大量繁殖生长。所以，局部伤口原则上不缝合、不包扎、不涂软膏，让伤口的毒液尽快排出去。

（3）去医院、正规防疫站治疗。伤口处理完后，立刻到当地防疫中心或医院进行正规治疗，遵照医生医嘱，注射狂犬疫苗。另外，旅游出行前，在医生的指导下，可以进行预防性注射。在注射疫苗期间，不宜喝浓茶、咖啡、酒，不宜吃带有刺激性的食物，避免受凉，不做剧烈运动，注意休息，预防感冒。

被动物咬伤、抓伤后，保持镇定，不慌乱，先看清是什么动物咬的、抓的，既不能过于紧张，也不能麻痹大意。

19. 面对孤独与寂寞

外出旅途中，短时间还可以，时间一长，你有过寂寞和孤独感吗？当你一个人独处时，怎么面对孤独与寂寞呢？

暑假，11 岁的小娟一家来到海边旅游。吃海鲜、洗海澡、抓螃蟹……还没玩够，天公不作美，阴雨连绵数日。

由于无法出门，一家人只好在屋里休息。中午，父母都睡觉了。她觉得很孤独、寂寞，特别无聊。趁着妈妈爸爸休息，一个人悄悄地出了宾馆，来到了一群礁石里玩。一直到警察出现时，她都不知道发生了什么事。

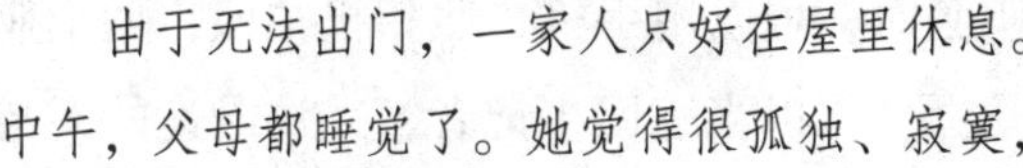

原来，爸妈睡醒后，发现小娟不见了，四处寻找，怎么也找不到，急得报了警。警察通过监控录像，确定了小娟外出的方向和位置。

警察告诉小娟，要用积极的心态面对旅途中的寂寞和孤独，外出告诉父母，以免发生意外。同时，要多参加有益于身心健康的活动。小娟看着自己给大家带来的麻烦，惭愧地低下了头。

（1）听音乐、看电视，消除郁闷。旅游时，如果因为特殊原因无法外出活动，可以预先下载一些喜欢的电影或歌曲，集中时间，专心听一听、看一看，既增长了知识，又消除了寂寞。

（2）读书看报，丰富知识。旅途中，可以预先带些喜欢的书籍、报刊，如果感到无聊了，特别是因为特殊情况，有了孤独与寂寞感时，随时阅读，认真思考，从书中汲取营养。

（3）当成一次“随机版”的写生实践活动，倍加珍惜。旅途中，遇到特殊情况，影响了你的心情时，不要发牢骚，更不能怨天尤人，要拿出纸笔，随时记录、速写、速画、描绘出一路上所见所闻，写出真实的感受，旅途结束后带回家一本厚厚的绘画与文字混合的游记，这是多么难得的事，应该珍惜孤独与寂寞，因为孤独与寂寞给了你追寻充实心灵的大好机会。

（4）随时摄影，随时保存珍贵的瞬间资料。旅游与摄影是分不开的，途中寂寞、孤独时，可以用手机、照相机拍照，做个业余摄影师也是不错的选择。可以当一回小记者，采访沿途的人与事，写一本杂记带回家，会有意想不到的效果。

旅游中欣赏风景可以排解孤独寂寞，认真记录下旅途中的典故、传说故事、特殊的历史人物与地理特征等，能获得知识。

七、家中险情

1. 家人触电

日常生活中使用各种电器是最常见的事，想没想过触电的事情发生呢？触电说远则远，说近则近，需要掌握安全用电常识，提高警惕。

家用电一般是220伏的交流电，危险性虽比高压电小，但足以置人于死地。触电还可能引起失明、耳聋、精神异常、肢体瘫痪、出血、外伤、骨折、灼伤、继发感染等并发症。

13岁的小娟住在奶奶家，周日中午，奶奶走进卫生间用洗衣机洗衣服。小娟在客厅看电视，不一会儿，听到奶奶“哎哟”一声，摔倒在卫生间。

小娟急忙来到卫生间看奶奶，发现奶奶跌坐在洗衣机旁边，电源插销处冒着烟。

小娟没有惊慌，很冷静，迅速关掉了电源总开关，拨打了120急救电话。等待救护车到来的这段时间，小娟吃力地把奶奶拖到床边，给奶奶做人工呼吸……

很快，120急救车来了，医生立刻对奶奶进行施救，不一会儿，奶奶苏醒了，恢复了正常。医生说幸亏发现及时，抢救正确。

（1）保持冷静，争分夺秒，科学施救。女生在家发现有人触电后，一定要冷静，不能因为救人心切，导致自己也触电。最安全的办法是关闭电源总开关，如果来不及关闭电源总开关，一定要使用绝缘的橡胶物品、干燥木棍，或其他物品帮助家人离开漏电电器，使触电者脱离电源。记住，时间就是生命，要争分夺秒，尽可能缩短触电时间，以降低伤害程度。

（2）正确施救，不能耽误。触电者脱离电源后，要到干燥的地方查看伤情。家里触电的地方一般集中在厨房的插座，客厅的电水壶、电视插座，卫生间的洗衣机、吹风机插座等，触电的原因大体是手上沾了水就去拉拔插头，所以，触电以后，不能让触电者待在插座旁了，立刻到干燥绝缘的地方，避免引发二次触电。轻度触电，稍为休息，试着慢慢活动指关节，让被电触击过的部位恢复到正常状态。中度触电，一旦触电者出现昏厥，可以试着掐触电者的人中，大声呼唤。触电者呼吸微弱，或有烧伤、外伤的时候，立刻拨打120急救电话。对于重度触电者，在拨打120急救电话后，应立即采取相应的急救措施。如呼吸停止，应马上做人工呼吸；心跳停止，应马上做胸外心脏按压；呼吸与心跳都停止，应同时进行人工呼吸和胸外心脏按压。

（3）认真恢复，不能大意。人体在触电的过程中，吸入肺里的氧气会减少，精神高度紧张，脑部供血不好，能量消耗大，触电者恢复正常以后，可以喝一杯葡萄糖水，给身体补充一点能量，对恢复体力有好处。如果感觉胸闷、气短，要打开门窗，呼吸新鲜空气。

预防是关键，要在家里用电器多的地方张贴上警示语，时刻提醒家人安全用电，不能麻痹大意。自己的卧室，不能到处拉电线、插座。

2. 突然停电

女生遇到过突然停电的事情吗？你独自一人在家写作业，忽然“啪”的一声，屋子一片漆黑，伸手不见五指，一切归于平静，停电了，怎么办呢？

13岁的小丽胆子小，平时怕黑、怕打雷、怕毛毛虫。周末晚上，她看动画片，突然停电了，一片漆黑，伸手不见五指。

不巧，爸爸妈妈外出参加活动，小丽不知道家里的手电、蜡烛在什么地方，吓得大哭起来。半小时后，恢复了供电，她蜷缩在沙发上，哭成了泪人。几天都没有缓过来，严重影响了学习和生活。

(1) 不慌乱，立刻进行应急照明。突然停电后，随手把手机打开照亮，而后去找手电筒、应急灯。如果家中备有蜡烛，点上也行，起码保证屋子里有亮光。注意点燃蜡烛后，不要离开，防止火灾发生。

（2）查找停电原因，正确解决。现代城市供电比较安全，一般情况下，发生大面积停电事故的可能性不大。如果突然停电，一是打电话问问小区物业人员，做到心中有数。二是拨打电力部门的24小时服务热线，了解情况。三是出门看看邻居家是否有电，如果都停电了，就坐等维修人员抢修。四是不要逞能维修，以防发生意外。如果别人家有电，问题出在自己家，不要逞能维修，立刻打电话告诉家长，或打电话让物业的电工师傅来维修。

（3）切断危险电源。在安全有保证的前提下，拔掉电源插销，并把电线收好，以免把人绊倒；不要使用电热水器里的热水。预防火灾，预防燃气泄漏，注意通风。尽可能关闭停电时处于开启状态的家电，但至少要开着一盏电灯，这样才能知道何时恢复供电。

（4）关注停电信息，做个有心、爱家的好少年。平时提前准备应急照明设备，知道放在什么地方，以防突然停电，导致措手不及。注意报纸、大众媒体、小区物业公布的停电消息。平时养成好习惯，床边、写字台边放一支小手电筒，客厅、厨房、卫生间放一盏应急灯，以备不时之需。平时把手机、手电筒都充足了电，买些蜡烛和打火机，以备停电时用。

（5）挺身而出，保护好家人。如果家里有需要照顾的老人和年幼的弟妹，遇到突然停电时，不要离开他们，要陪伴他们，可以避免他们产生恐惧感。

=遇到大范围停电，而且时间很长时，如果你正在家中，要提高警惕，看好家，不能乱用火，千万别出门玩耍。

3. 电器着火

现代生活中，电已经是不可或缺的能源，家庭中各种电器设备应有尽有。如果不了解安全用电常识，不懂得正确使用电器，很容易造成电器损坏，引发电器着火，甚至带来人员伤亡。所以说安全用电，正确使用电器，性命攸关，不是小事。

小米 10 岁了，读小学四年级。平时，小米父母做生意非常忙，顾不上回家，周末她只能一个人在家写作业、看电视。

周末中午，小米做完作业后，打开电视看动画片。忽然，她闻到一股焦糊味，发现电视机后盖冒烟了。吓得她哭了起来，不知所措。恰好妈妈回家办事，拉小米到门外，然后返回屋子，立刻切断了总电源，拨打了火警电话，消防车及时赶来，消防人员扑灭了着火的电视机。

（1）正确使用电器设备。家里的电器设备多，要认真阅读电器使用说明书，不能不懂装懂，不能图省事减少操作程序，更不能超负荷使用电器与电器设备。发现电器设备有问题，及早告诉家长更换，不能凑合着使用。

（2）要当机立断，立即切断电源。如果发现电器突然着火，保持镇定，不要用手去碰着火的电器、器材与用具，立刻切断总电源，而后用干粉灭火器等专用灭火器灭火，不要用水或泡沫灭火器灭火。如果是电视机或电脑着火，切断总电源后，立刻用毛毯、棉被、床单等物品扑盖灭火。如果火势蔓延了，不要逞能，立刻撤离现场，呼喊家长、邻居，同时迅速拨打火警电话。

（3）早发现、早处置。女生独自在家时，不要只是玩，要注意观察，注意闻气味，电器着火时，不仅会闪出火花，而且会散发出难闻的气味，非常容易识别。发现电器着火时，要及早处置，不能惊慌失措，要争分夺秒，正确处置。人身安全第一。

无论什么情况下，只要发现了电器着火，都不能坐以待毙，更不能呆若木鸡，或原地哭喊。

4. 煤气泄漏

自从有了煤气、天然气之后，人们的生活更加方便快捷了。煎、炒、烹、炸各种美味都离不开它，但更加是当发生煤气泄漏后，它给人们带来的危险也是可怕的、严重的。

居家生活，女生进厨房时，务必提高警惕，集中精力，安全最重要。

周末，11岁的小兰正在客厅看电视，想吃方便面了。走进厨房打开煤气开关，点不着火，原来停煤气了。由于着急看电视，小兰忘记关煤气灶的开关，返回客厅看电视。半小时后，忽然闻到了一股煤气味，赶快去厨房看，发现是通煤气了，煤气灶开关开着，空跑煤气，急忙关闭了开关，迅速开了房间里的所有窗户，避免了一场爆炸事故。

爸爸回家知道情况后，嘱咐小兰做事要集中精力，不能只想着看电视，使用煤气更要小心。

(1) 不要开关任何电器。各种电器开关、插头与插座的插接都会产生火花，如室内泄漏的煤气达到一定浓度，都会引起煤气爆炸。家中如有冰箱，煤气泄漏时是最危险的，当压缩机自动启动时，同样也会引起轻微火花，引起煤气爆炸。这时，应立即到室外，呼叫物业人员，切断楼层总煤气开关和电闸。

(2) 不要使用电话。拿起或放下电话的话筒时，电话机内会产生瞬间高电压，机内的叉簧接点会产生火花，也可能引起煤气爆炸。

（3）要防止静电产生的火花。人们穿脱衣服时，可能会产生静电，特别是混纺、尼龙服装。因此，如发现煤气泄漏时，不要在室内穿、脱衣服。走路要当心，如果鞋底有金属掌，要脱下鞋子，光脚走。

（4）稀释煤气浓度。发现煤气泄漏后，要立即打开门窗通风，关闭煤气阀门。在确实感到安全后，立刻告诉家长，或向有关部门报告，以便查明原因，及时维修，避免发生恶性事故。

（5）集中精力，不能一心二用。使用煤气时，要注意观察，不能一心二用，随时开关，保证安全。

经常检查家里的煤气接口处是否有气体泄漏，方法是用肥皂水涂抹在接口处，如果有冒泡现象，说明已经发生煤气泄漏了，要及时告诉家长，及早解决。

5. 水龙头、煤气开关

每天洗漱、做饭、洗澡、洗衣服……女生都要接触水龙头、煤气开关，这些天天打交道的开关似乎再平常不过了，但是一旦它们出现了问题，事情就没有想象的那么简单了。女生们仔细想一想，你会正确使用家里的开关吗？

周日下午，家里没人，10岁的小玉写完作业，外出与同学们玩。玩了半小时，邻居找来了，说小玉家没有关好水龙头，自来水流了满屋，还淹到了楼下的住户。她赶紧跑回家一看，家里真是发大水了。

楼下，阿姨家的东西也被淋湿了。原来，刚才楼上临时停水，小玉出门前洗手，拧开了水龙头，发现没有水，着急出门与同学玩，忘记关闭水龙头开关。出门后，重新供水了，由于水池子的水塞子堵严实了，水溢出了水池子，导致大面积流水，引发了“洪灾”。

（1）养成良好的习惯，不麻痹大意。平时使用开关时，无论是水龙头开关，还是煤气开关，只要打开了，就要想着关闭，不能麻痹大意。开或关时，避免用力过大，均匀用力，以免损坏。如果临时停水、停气，打开后，要立刻关闭，不能粗心大意。

（2）经常检查，及早发现问题。日常生活中，要定期进行检查，不能只是使用，发现开关有问题时，立刻告诉家长维修或更换。

（3）学会养护，延长开关使用寿命。平时注意维护保养各种开关，保持开关的外表干燥，不要猛拧、猛扳、猛拉；不要用酸碱性的物品接触开关；不要在开关处乱挂东西，以免影响使用。

要清楚家里各种开关的使用、注意事项，注意维护各种开关，平时最好关闭开关总阀门，避免个别开关漏水、漏气。

6. 陌生人电话

电话普及率非常高，已经成为人们之间联系的最主要方式了。身边的亲人、同学、朋友彼此间相互熟悉了解，甚至未见其人只闻其声，就能知道是谁了。如果有一天，电话中传出你不熟悉的声音时，你想过该怎么办吗？

暑假的一天中午，12 岁的小花正在家看电视。忽然，电话铃响了，小花拿起电话，一个自称是妈妈的同事的人，焦急地说小花的妈妈被车撞伤了，住进了医院，妈妈让同事到家接小花，可是妈妈的同事不知道家住几楼、几层、几号，让小花告诉一下详细地址，马上来接她。

小花当时就懵了，赶紧询问是哪家医院。当小花听到医院的名字后，确认自己遇到了骗子。因为小花的妈妈出差在外地，半小时前，妈妈打电话说明天坐飞机返回。于是，小花果断地挂了骗子的电话，立刻给爸爸打了电话，同时报了警。爸爸回家后，表扬小花有警惕性。

（1）提高警惕，提高分析问题的能力与水平。接到陌生人的电话后，无论陌生人怎么说，都要边听边分析，找出蛛丝马迹，因为假的真不了，真的假不了。可以从陌生人的声音，事情的前因后果、时间与地点分析，多问几个为什么，看看有无前后矛盾的地方，有无违反事物发展逻辑的地方，不要轻易相信陌生人打来的电话。

（2）及时验证，不耽误大事。如果陌生人电话中说家人病了、家里人发生意外了，或自称是学校的老师等，为了不耽误事，不要急着按照陌生人电话中的要求去办，应该灵活机智，巧妙地进行“二次”核查。方法是：立刻在隐蔽的地方联系家长，询问真实性。立刻告诉老师，请老师帮着分析，提供解决方案。

（3）避免干扰，立刻挂断。如果判断出陌生人的电话内容是假的，绝对不能犹豫，不能提供自己的任何真实信息，立刻挂断电话，断绝骚扰，避免陌生人定位追踪。

（4）果断报警，不能犹豫。如果陌生人的电话内容涉及爆炸、杀人、绑架、淫秽、毒品等，不要好奇，要立刻告诉家长或老师，也可直接报警。

有时陌生人电话里编造的故事很仿真，几乎可以以假乱真，要睁大双眼，竖起耳朵，仔细听，认真甄别。

7. 陌生人叫门

有人叫门的那一刻，女生们总是充满了无尽的期待。会是谁呢？是出差回来的爸爸吗？还是办事回来的妈妈呢？或是送来惊喜的小伙伴呢？或许是“快递小哥”的快件呢？

周末下午，爸爸妈妈外出了，10 岁的小川独自在家写作业。突然，外面传来一阵敲门声。

“是妈妈爸爸回来了吗？”小川边嘀咕着边往门口走，门外不回答，继续敲门。小川感觉不对劲，立刻警觉起来，她轻轻地走到门口，探头从门上的“猫眼”往外看。发现不是爸爸妈妈，是个年轻的陌生人。这时，敲门的人说是检查电路的。小川思考了一会儿，故意大喊“爸爸，你出来，电工师傅检查电路来了，你来开吧”。

突然，门口传来急促向外跑的脚步声。小川憋住气，看着仓皇逃跑的年轻人，开心地笑了。

（1）提高警惕，关好门窗。独自在家时，不要贪玩，要锁好院门、防盗门、防护栏。如果家里住在较低的楼层，窗户又没有安装防盗网，最好关闭窗户，不给坏人任何机会。如果住在高层，检查顺着楼外墙的下水管附近的窗户安全情况，最好关闭。

（2）机制灵活，沉着应对。如果有陌生人敲门，不可盲目开门，正确处置。一是从门镜观察或隔门问清楚来人的身份，如果可疑，绝不能贸然开门。二是详细问清来意，如果回答得“驴唇不对马嘴”，坚决不开门，特别是遇到以修理、推销、收购等名义叫门时，更要提高警惕。三是立刻通知家长或报警，如果陌生人站在门口不肯离去，坚持要进入室内，不要与之纠缠，立刻通知家长，也可以直接打电话报警，还可去阳台、窗口高声呼喊，向邻居、行人求援，起到震慑作用，吓走陌生人。

（3）不要麻痹大意，更不要怕麻烦。如果遇到自称是“快递哥”的敲门，不要怕麻烦，一定要问清楚是送给谁的货物？电话是多少？发货地址？发货人是谁？而后立刻与家人核实确认，不能擅自开门接收。

女生一人在家时，遇到陌生人敲门要保持警惕性，一般情况下不予理睬，过一会儿，敲门人自然也就走了。

8. 男生提出无理要求

男女同学在一起相处，互相学习，互相帮助，彼此取长补短，学生时代的友谊总是让人难忘。不同的时段，女生会遇到不同的男生。仔细想一想，在你的周围，有没有向你提出无理要求的男生呢？

小美与小军是初中同学，在一个班，还是同桌，平时两人的关系很好。小军经常带些水果给小美吃，周末还请小美去看电影。

暑假到了，爸爸妈妈上班了，小美独自在家看电视。小军来家串门，神秘地拿出一朵玫瑰花，献给了小美，然后双手搂住小美的腰，提出与小美“亲密、亲密”。

小美吓坏了，急中生智，立刻高声说，妈妈在邻居家，马上就回来了。小军听说小美的妈妈在邻居家串门，吓得慌了神，急忙走了。

（1）保持界限，把握住分寸。女生与男生单独相处时，一要诚实，没有欺骗，友谊第一。二要彼此尊重，言语行为要端正，不能欺负对方。三要注意分寸，该说的说、该做的做，不该说的、不该做的，坚决不说、不做。四要注意男女有别，不能有肌肤之亲。少年学生正是求学、增长知识的大好阶段，要把主要精力放在学习上，不能胡思乱想，更不能有非分之想。五要注意保密，不要把男生提出的无理要求故意散布出去，以免造成男生出现心理问题。

（2）明确表明自己的立场、态度、观点，不要给男生任何机会与幻想。对于男生提出的无理要求，应该坚持原则，立刻拒绝，不能犹犹豫豫，不要不好意思，以免引起男生的误会。

（3）找人帮助解决。如果男生一而再、再而三地向你提出无理要求，甚至主动到家“骚扰”时，要立刻向老师说明情况，请老师帮助解决。应该一五一十地把情况告诉家长，听听家长的意见。

面对男生提出的无理要求，不能迁就，要有原则、有底线，坚定、礼貌的态度非常重要。

9. 水管、卫生间器具漏水、溢水

现在大多数女生家住楼房，偶尔会遇到家里的水管、卫生间器具漏水、溢水，这是让人很头疼的一件事情。其实，只要女生们平时注意正确使用，随时检查，就能及早发现问题，及早解决问题，及早避免麻烦。

最近，11 岁的小秋遇到了麻烦，两个胳膊上生出了大片的癣，很是刺痒。老师带小秋去学校的卫生室看医生。医生说问题不大，建议小秋注意饮食，以清淡为主，适当忌口，服用维生素，外用药膏。可是，过了半个月，小秋的皮肤病仍然不见好转。

一天，校医来小秋家家访，看到她家里卫生间的坐便器管道有些渗漏，卫生间没有窗户，不通风，洗澡时的湿气和管道渗漏的污水长时间浸在地砖缝里，滋生了很多细菌，取回样品化验，找出了小秋患皮肤病的原因，建议立刻修整卫生间，彻底消毒，保持卫生间干燥。

周日，爸爸赶紧找来了专业维修人员，疏通管道，修复瓷砖，打通墙壁，装了窗户，安装了排风扇。装修完成后，妈妈把卫生间里外彻底打扫、消毒了一遍。很快，小秋胳膊上的癣就消失了。

（1）主动替家长分担家务。女生是家庭成员之一，家里的事情要管、要问、要操心，不能当“甩手掌柜”，要有“小主人公”意识，积累过日子的经验，学会长大。

（2）从思想上重视，不粗心大意。家里的事就是自己的事，家里的各种管道、卫生器具要定期检查，及时发现问题，及时告诉家长，让家长及早维修、更换。

（3）具备独自处理的能力。发现家里水管、卫生器具有问题时，如果一个人在家，不要慌乱，更不能不闻不问，撒手不管，在告诉家长的同时，也可以通知物业的维修人员来解决，以减轻父母的负担。

一个临时补救的简单方法：找一截自行车内胎或是一个食品保鲜袋等，把漏水点裹几层，然后用细铁丝密集缠绕勒紧。

（4）安全使用，延长寿命。使用水管、卫生器具时，要注意轻使轻用，不能用力过猛。精心使用，水管与卫生器具的寿命才能更长、更安全、更可靠。

如果家里的水管、卫生器具有溢漏现象，要第一时间关闭总开关，不能放任自流，更不能做一个“旁观者”，要尽快告诉父母或物业管理人员。

10. 吞下异物

女生还记得小时候吃饭的情景吗？长辈们总是很严肃地警告孩子们吃饭时，不许说笑、不许打闹等，也许当时不理解长辈们的真正用意，慢慢长大了，才知道了生活中因为吃东西不注意，造成的伤亡事件确实不在少数，要引起足够的重视。

7 岁的小学生梅子因为着急看电视，吃大枣时，不小心被大枣卡住了气管，憋得难受，就用手抠，越抠大枣越深入喉咙，最后完全堵死了气道，晕倒在地。家人赶紧把她送到医院，可为时已晚。奶奶急疯了，妈妈昏死过去，一个家庭从此破碎了。

（1）平时养成安静吃饭的良好习惯，细嚼慢咽。吃饭要讲究规矩，坐姿要端正，专心致志，不能一心二用。要细嚼慢咽，不要狼吞虎咽，更不能嘴里含着食物跑跳，也不能边看电视边吃饭。

（2）保持镇定，冷静处理。一旦吞下异物，不要慌张，要先判断是什么异物，有无危险，异物是卡在喉咙里，还是进了胃里，如果已经进了胃里，要尽量减少活动，不要再进食任何饮品及食物，及时到医院请医生治疗。如果异物卡在喉咙，影响了呼吸，要争分夺秒，不能硬抠，轻咳几下，看看是否能把异物咳出来。如果无法咳出来，要尽量维持呼吸，同时立刻告诉家长，拨打120电话，请医生救治。

（3）注意大便情况。如果异物进入胃里了，要留心观察大便情况，看有无出血、颜色是否正常等。

注意观察食道与肠胃情况，看看有无出血，有无疼痛，如果有异常，不要拖延，应及时去医院治疗。

11. 鱼刺卡住喉咙

吃饭时，喉咙被鱼刺卡住最多见，一般情况下，鱼刺、骨渣及果壳等异物最容易刺入的部位是扁桃体下端、舌根部等部位，枣核则容易卡在食道中。卡了异物，人的咽部会感到刺痛或有异物感，异物较大的话，吞咽也很困难。如果异物刺激喉咙黏膜，则会引起剧烈咳嗽，并因反射性喉痉挛及异物阻塞而出现呼吸困难，并可能有不同程度的喘鸣、失音、喉痛等。最严重的是如果异物较大，而且嵌在声门上，则很快会造成窒息，危及生命安全。

小津的爷爷过生日，一家人其乐融融。爸爸做了很多好吃的。小津特别喜欢吃爸爸做的“松鼠桂鱼”。哥哥让小津快点吃，下午安排了看电影。

听说下午有电影看，小津有些着急，她把一大块鱼肉吞下去，感觉喉咙被鱼刺扎了一下，试着吃了一口米饭吞咽，没有效果。

于是，奶奶让小津大口吃馒头，还是不行。爷爷拿来一碟醋，让小津喝下，说可以软化鱼刺，结果也不行。

小津的嗓子越来越难受，还流出了鲜血，爸爸急忙带她来到医院，医生用手电筒照射，用镊子取出了鱼刺。看着鱼刺，医生严肃地对她说很危险，差点扎破了血管，以后吃东西要小心，扎了鱼刺，不能随意使用“偏方”。

（1）夹拿法。立即停止进食，告诉家长，让家长用汤匙或牙刷柄压住舌头的前部，在手电筒光照射下仔细察看舌根部、扁桃体、咽后壁等，发现异物，用镊子或筷子轻轻夹出。如果刺扎得深，或者刺很粗，不能擅自处置，立刻去医院治疗。

（2）咳嗽法。如果感到刺扎得不深，或者刚刚扎入，立刻深吸一口气，向外咳嗽几下，刺可能顺着气流带出去。

（3）呕吐法。感觉刺不粗扎得也不深，可以用手指刺激口腔的根部，这时会有恶心呕吐的情况，逆反上来一些食物残渣，顺利时，会把鱼刺一起给顶出来。

（4）缓解法。如果用手电筒照射，无法找到鱼刺，但是总觉得鱼刺卡在咽喉，可能性有两种，一种是鱼刺进了胃里，划伤了食道软组织，此时可将橙皮切成小块，口含慢慢咽下。另外一种是鱼刺扎得位置较深，要引起警觉，立刻去医院处理。

被鱼刺、骨头卡喉后，不宜使用“偏方”处理，因为“偏方”容易使异物陷得更深或延误诊治时机，轻则加重局部组织损伤，重则划破食管并穿孔，甚至会造成大出血，要立刻去医院，不能大意。

12. 误食杀虫剂

杀虫剂有毒，对人体有害，甚至能使人丧命，女生们一定要远离，不能随意接触。有一天，万一你粗心大意，误喝下了杀虫剂，知道该怎么办吗？

小茂的妈妈是一名园林工人，对于花草病虫害防治很在行。一天，隔壁邻居请小茂的妈妈帮忙给配点花草杀虫剂。

妈妈顺手拿了小茂喝空了的饮料瓶，把

杀虫剂勾兑好放在瓶子里带回家，准备做好了饭菜，再给邻居家送去。

谁知小茂放学早，回来后感到口渴，进家拿起装有杀虫剂的饮料瓶就喝。药剂的味道让小茂马上吐了出来。

妈妈赶紧让小茂漱口，把嘴里的农药漱出来。之后，立刻带小茂来到医院。医生立刻给小茂洗口腔、肠胃，建议回家后继续观察，喝点绿豆汤。嘱咐她要注意入口的“饮品”，不能拿起来就喝。

回家后，妈妈听了医生的建议，给小茂煮了绿豆汤喝。

（1）保持冷静，不能惊慌失措。误食了杀虫剂后，不能被“吓晕”，要争分夺秒，立刻呕吐，能吐出多少就吐出多少，同时立刻告诉家长、老师或同学，请他们帮忙。绝对不能隐瞒事实，或顺其自然。

（2）如果家长不在家，自己的意识清醒，感觉是轻微的中毒，要立刻叫出租车，去医院。感觉是严重的中毒，立即拨打120急救电话，救护车赶到之前，要保持理智，随时感觉身体情况，特别是呼吸与心跳情况，直到医生赶到。另外，别忘记把误食的杀虫剂交给医生。

（3）配合治疗，不要回避治疗。误食杀虫剂送进医院后，要有充分的思想准备，可能会洗胃、洗肠、排毒等，要有耐心，积极配合，一切听从医生的话，不能任性。

（4）问清楚再喝。进家后，如果家长不在家，发现有吃的、喝的，如果不知道来源，不能着急入嘴，一定先打电话问问家长，心中有数。

积累生活常识，正确认识碘酒、农药、樟脑、高锰酸钾、灭鼠药、杀虫剂、煤油、汽油、水银、铅等有毒液体。

13. 开水烫伤

女生遇到过被开水烫的事情吗？生活中，倒开水或去厨房烧水时，稍不留神就会被开水烫伤。有时候，揭开冒着蒸汽的锅盖，一不小心就可能被蒸汽烫伤……无论什么情况，烫伤后，都必须马上处理，以免造成更严重的伤害。

小然的妈妈发烧了，想到自己生病的时候妈妈总是细心地照顾，让自己多喝水。于是，7岁的小然也模仿着妈妈的样子，接了满满一壶水，放到煤气灶上烧开，准备给妈妈喝。由于水接得太满，壶太沉，小然的力气小，倒开水时，一只手被开水烫出了水泡。她疼哭了，不知道怎么办。

妈妈听见哭声，赶紧下床进厨房，让小然把手放在水龙头下面，用冷水反复冲洗降温，然后涂抹了烫伤药膏。

（1）保持镇定，不哭闹。立即脱离热源，用流动的冷水冲洗烫伤面，降低创面温度，减轻高温进一步渗透所造成的组织损伤。

（2）争分夺秒，不要紧张、害怕。万一被开水烫伤，争分夺秒，迅速把浸有热水的衣服脱掉，如果不脱去浸湿的热衣服，相当于没有脱离热源，仍然会加重伤情。

（3）检查烫伤情况，谨慎处置。脱下衣服后，要认真观察烫伤情况，如果不重，可以继续把伤口泡在冷水中。泡冷水可持续降温，避免起泡或加重伤情。如果出现小水泡，不要弄破，立刻去医院处理。

（4）及时告诉家长、老师，不要隐瞒实情。烫伤后，不要担心被家长、老师批评，要第一时间告诉家长、老师，请他们查看烫伤情况，帮助解决。

（5）民间小偏方。烫伤后，如果不严重，可以用民间的小偏方处理：把生鸡蛋清和蜂蜜各一半混合后，均匀涂抹在烫伤部位。

注意千万不要把皮肤表面起的水泡弄破，也不要把表皮弄破，以免引起细菌感染。为了防止烫伤部位起泡，可以马上往烫伤部位涂抹醋、凡士林、止烫膏等，也可以把烫伤部位浸泡在食盐水中，起到消炎止痒的作用。

14. 烧伤

生活中最常见的意外伤害就是烧伤。烧伤分为三个等级，轻度烧烫伤可自行处理，较重的烧伤需要去医院专业治疗。处理烧伤的原则是缓解疼痛、减少感染、防止休克。

放寒假了，9 岁的小方在家整理学习资料，把一些不用的贺年卡、信函、卷子拿到阳台，找来打火机，准备烧掉。

谁料，刚刚点燃阳台外面起风了。火苗子旋转起来，一下子就燎到了小方的裤腿，迅速燃烧起来，看着燃烧的裤腿，小方吓傻了。

幸亏，姥姥来家送菜，发现小方裤腿着火了，立刻赶过来把火扑灭。小方的裤腿被烧掉了一半，姥姥赶紧把小方送进医院。由于烧伤严重，不得不在医院住院治疗，虽然没有留下严重的后遗症，但是腿上的烧伤还需要慢慢恢复。

医生说腿上有可能留下疤痕，嘱咐小方以后不要随意用火烧东西，要对自己的生命安全负责。

（1）立刻降温。轻微的烧伤，没有伤及皮肤及软组织时，立刻用干净的冷水冲洗，或将烧伤部位泡在冷水里，直至不感到疼痛和灼热为止。不宜浸泡的部位可用冷敷法，以减轻疼痛，抑制伤势的发展。

（2）解除热源。立刻躲开热源，检查烧伤部位，同时把烧伤时穿的衣服、手套、袜子、鞋脱掉。如果无法脱掉，可以在干净的冷水冲洗后，用剪刀剪除掉。烧伤部位的皮肤完好、软组织没有受伤时，用干净的冷清水冲洗，轻轻擦干后，在烧伤部位涂烫伤膏（市售），无须包扎。

（3）防止感染。不要把水泡挤破，烧伤部位起水泡时，如果水泡过大，或水泡周围痒痒时，要注意忍耐，不能随意刺破水泡，以免引发感染。如果烧伤严重，伤及了软组织，应立刻告诉家长或老师，及早去医院治疗。

（4）救助要点。搬运烧伤患者时，动作应轻柔，行进要平稳，并随时观察患者情况，对途中发生呼吸、心跳停止者，应就地抢救。

烧伤时，保持镇定，不要慌乱。对于烧伤的部位，切不可使用红药水、紫药水等消毒药液，以免掩盖烧伤程度。

15. 吃错药

药，女生并不陌生，但要知道一个事实，吃药不是小事，一定要遵医嘱，不能随意乱吃。生了病，离不开药，但不能粗心大意，在没有医生许可的前提下，不要贸然吃药，以防发生意外。

「吃错药」

春节前，小学五年级学生小萌感冒了，还有些咳嗽。偏巧，爸妈有事回奶奶家了。这两天，姥姥专门赶过来照顾小萌。写完作业，小萌按姥姥说的剂量吃了三片咳嗽药。可是，感觉没有什么效果，内心有些着急。

晚饭前，姥姥发现自己的降压药不见了，边找边念叨着降压药哪里去了呢？小萌听到姥姥这么说，赶紧打开茶几抽屉，一看出了一身冷汗，原来刚才小萌误把姥姥的降压药当成咳嗽药给吃了。

姥姥和小萌顿时惊慌起来，赶紧来到医院，医生给小萌测量了血压，问头晕不晕，全身有无酸软……小萌说没有什么不适。

医生说问题不大，让小萌多喝些水，以后吃药要先看说明书，或问问家长再吃，这次幸亏吃的是降压药，如果吃错了毒性大的药，可就没这么简单了。小萌不住地点头，表示以后注意。

（1）保持镇定，不惶恐。知道吃错药后，千万不要惊慌，立刻告诉家长、老师，请求帮助。如果家长不在身边，先弄清楚吃错了哪类药、吃了多少，如果是维生素、消化类、营养药或是保健类的药，吃得也不多，问题就不大。事后，注意观察身体情况，告诉家长和老师即可。

（2）不能粗心大意，要及时看医生。吃错了药，要留心观察，如果发现大小便异常、视力模糊、呼吸与心跳频率加快（减慢）、皮肤起疙瘩、发痒等异常情况，马上告诉家长、老师，立刻到医院治疗。另外，须带上吃错的药。

（3）早期自己处理，减少药物对身体的伤害。发现错吃了抗生素或腐蚀性大的药物，不要等待，立即催吐，吐得越多越及时越好，同时告诉家长、老师，最好去医院处理。

（4）养成好习惯，谨慎入口。吃药前，要问问家长，一定要看看说明书，确定没有问题后再吃。平时吃的药不能乱放，要放在固定的地方。注意家庭药箱的管理，对于特殊用药或已过期的药，要告诉家长及时标注、处理、销毁。

家庭药箱的保管有讲究，对于药水、外用药、中药、糖衣药、成人药和儿童用药，应该分开保管，存放于干燥通风处，不能随意乱放。

16. 误吃变质药

家家都有储备的药品吧，在储备的药品包装盒上看见过生产日期与保质期吗？要知道一个简单的常识问题，超过保质期的药物不但失去了原有的药效，而且还会产生不良药物反应。即使药物没有过期，因受潮、受热导致变质的药物，也不能食用。

周末晚上，小学三年级的小禄感觉头有点疼。小禄强忍着，心想：千万别感冒、发烧，因为感冒、发烧太难受了。吃完饭，小禄从家里的备用小药箱里找了几粒感冒药吃了。没想到，头痛不但没减轻，反而胃疼了起来，而且疼得无法忍受。半夜，爸爸送小禄到医院检查，医生说她得了胃肠炎。因为小禄服用的感冒药已经变质，不能吃了。回到家，爸爸找到小禄之前吃的感冒药，发现药片上面有一些很小的黑点，而且已经过期了。

通过这次教训，小禄和爸爸一起清理了药箱，扔了一大包过期的药物。

(1) 仔细查看药物，不能有遗漏。吃药前，要认真查看药品质量，因为药物变质有信号。例如：胶囊剂药物会软化、碎裂或表面发生粘连；丸剂药物会变形、变色、发霉或有臭味；药片出现花斑、发黄、发霉、松散或出现结晶；糖衣片表面已褪色露底，出现花斑或黑色，或崩裂、粘连、发霉；冲剂受潮、结块或溶化、变硬、发霉；药粉已吸潮或发酵变臭；药膏出现油水分层或有异味；眼药水出现混浊、沉淀、变色等。发现上述情况，均不能食用了。

(2) 仔细看包装说明书，心中有数。任何药品都有说明书，都有说明药品有效期，一般在最外面的包装明显位置标示出来。

吃前，要注意查看药品外包装及标签上所印刷的生产日期（批号）和有效期，绝对不能马虎。没有标明有效期的药品，不能贸然食用或使用，可以打电话询问医生。

（3）询问清楚，不怕麻烦。如果去药店买药，不要怕麻烦，一定要问清楚药品的有效期、保质期。对于标注不清楚的说明书，务必要让工作人员在包装上写明生产日期和有效期，这是关乎生命安全的严肃问题，马虎不得。

（4）正确处置，不能耽误时间。一旦不小心吃了变质药物，立刻告诉家长、老师，同时催吐，感觉严重时，必须带上变质的药去医院治疗。

养成好习惯，对自己与家人的生命健康负责。要养成检查药品的好习惯，定期清理家用药箱，督促家长将变质、过期药品销毁。

17. 发现黄色光碟

黄色淫秽物品是“毒药”，是恶魔，务必要远离。它是利用极其下流、淫秽、扭曲的性描绘，对女生进行引诱和挑逗，如果女生缺乏是非观念，缺乏自制力，就可能会不能自拔，不自觉地模仿其中的情节和做法，从而步步走向邪路，甚至陷入犯罪的深渊。

14 岁的小欣喜欢上网，喜欢看电视，喜欢玩游戏。暑假到了，邻居家的女同学敲门找她借书看，小欣立刻在家里的书柜上找书，无意中找出了爸爸的一张黄色光碟。气得满肚子怒气，把黄色光碟砸碎了。

晚上，爸爸下班回家，小欣批评了爸爸。爸爸羞愧地低下头，表示以后再也不买了。

（1）远离黄赌毒，绝对不沾边。平时要自觉筑起防腐蚀的堤坝，学习一些健康的、科学的、必要的“性”健康知识，了解自己身体和心理的特点，做到心中有数。

（2）主动问学校的卫生老师，不要故意回避性健康知识。在学校应该主动接受健康的性道德教育，在家可以大胆地询问家长，不要回避，更不能认为学习性知识是“丢人”的事，明白身心发育规律，以道德准则来控制自己的言行。

（3）严格管束自己，不要有偷窥心理与行为。女生要树立正确的人生观、价值观，坚决不看黄色书刊、光盘或录像，不听邪门歪道的性故事，不说下流话，坚决不做“越轨”的事，打破对性的神秘感，以积极、健康的心态面对性问题。

（4）有法制观念，敢于揭发。如果发现父母存有黄色光盘，一要坚决抵制，绝对不看；二要与父母沟通，让父母销毁；三要建议父母向有关部门反映情况，揭发贩卖窝点；四要敢于揭发，如果父母不销毁，可以向有关部门反映情况，希望父母改正。

人的精力、时间是有限的，绝对不能以任何理由把大量的精力、时间、金钱浪费在看黄色光盘上，这样不仅会影响学业，还会葬送自己的前程。

18. 发现保姆行为异常

家里有老人需要照顾，父母上班又没有时间照顾老人时，一位能干、贴心的保姆会走进家里，让家庭生活井然有序，老人不再无助。大多数的保姆是好人，但有时也会出现带着各种目的的保姆，需要提高警惕。

12 岁的小姿很幸福，可是最近爷爷奶奶身体不好了，爸妈工作忙，没有时间照顾爷爷奶奶，就给爷爷奶奶请来了一位保姆。

小姿每天中午下学到爷爷奶奶家吃饭，保姆阿姨做饭很好吃。一天午睡，小姿被热醒了。她准备到冰箱里拿饮料，刚探出头，就看到了保姆鬼鬼祟祟的身影，小姿没敢出屋，屏住呼吸，悄悄看着，保姆从冰箱拿出酸奶、甜瓜、香肠，迅速装进布袋，然后把布袋放到自己的房间。过了一会儿，保姆又到奶奶的屋里转了一圈出来。晚上，小姿把这件事情告诉了爸爸。爸爸来到爷爷奶奶家查看，果然，爷爷奶奶的零花钱少了几百元，冰箱里的食物也少了很多。

第二天，小姿爸爸专门和保姆进行了沟通，希望她能本分做人，如果再出现这样的事情就报警了。保姆羞愧地低下头，退回了拿走的钱与物。

（1）自然与保姆相处，不要歧视保姆，更不能随意使唤保姆。要把保姆当成一家人，友好与保姆相处，尊重保姆的劳动成果。

（2）要有防人之心。虽然把保姆当成一家人，但是也不能太粗心大意，平时自己的钱财与贵重物品不要随意乱放，不能什么都说，以免泄露家里的“机密”。经常建议家长把贵重东西放好，以免造成不必要的麻烦。

（3）建议父母对保姆进行教育，把要求与工作说在前面，合理划分保姆的工作范围，制定相关的规矩，按规章奖惩。

（4）建议父母到正规、专业的中介公司聘请保姆，彼此了解真实身份信息并保存联系电话，签订相关合同，以免发生问题。

一旦发现保姆有异常行为，最好暗中搜集相关证据（拍照、录视频等），不要与保姆发生正面冲突，巧妙地告诉父母，必要时立刻报警。

19. 拨打急救电话

女生对急救电话号码不陌生吧，急救电话的电话号码女生不仅应该熟记，而且还要会使用，如果真的遇到了紧急情况，拨打紧急电话是有学问的，不能乱了分寸，以免耽误了大事。

暑假的一天夜里，11 岁的小晏与姥姥睡在一起。半夜，姥姥去卫生间晕倒了，不省人事，嘴角歪斜。

小宴看着晕倒的姥姥，吓得惊慌失措，只是哭泣，过了好久，才想起给妈妈打电话，妈妈赶紧打了 120 急救电话。

半小时后，救护车赶到姥姥家，姥姥已经没有了生命体征。医生说由于拨打急救电话不及时，耽误了宝贵的抢救时间。

（1）印记在脑子里。110、120、119 在任何省、县、市都不用加区号，无论是本地还是漫游，拨打的报警电话，都会转到报警所在地的警讯台，及时出警，帮助你解决困难与问题。

（2）紧急时刻使用。全世界的手机都可以拨打的共同紧急救援号码是 112，假如自己所在的地区无手机信号覆盖，又遇到了紧急状况，手机拨打 112 准没错，因为这时候手机会自动搜索所有可用的网络并建立起紧急呼叫，即使手机是在键盘锁定的状态，同样可以拨打 112，并可以帮助联系 110、120、119 这类报警电话，可以迅速定位，快速锁定报警者所在地点。

（3）特殊情况下采取特殊办法。紧急情况下，如果手机没电了，不要慌乱，可以把手机电池拿下来，用自己体温“捂热”，快速装在手机上，就可以开机拨打特殊电话了。

（4）简单扼要，说明情况。第一时间拨打报警或 120 救护电话，这样节约时间，拨通电话后，立刻说明情况，不能只是哭闹，因为哭闹，只能耽误时间，严重时，会丧失宝贵的救助时间。

女生要自觉遵守一个纪律，特殊电话不能随意乱打，以免浪费有限的资源，干扰正常的工作秩序。

20. 与继父（母）怎么相处

再婚的家庭必须要面对与继父（母）相处的问题，智慧、艺术地处理生活中的磕磕绊绊，需要女生不断地学习。

妈妈再婚了，8 岁的洋洋在妈妈的婚礼上对继父很不友好。她不喜欢管这个陌生的男人叫爸爸。因为在洋洋的心里，自己亲生的爸爸一直都没有离开过。

每天，洋洋下学后见了继父都尽力躲开，闹得家里气氛很尴尬。一天晚上，洋洋发起了高烧。当时，妈妈出差，只有她和继父两个人。已经是凌晨1点了，继父背起发高烧的洋洋上了出租车，来到儿童医院检查。

因为药液对肠胃有刺激，继父一直陪着洋洋，给她按摩脚掌心，清理她的呕吐物，陪着她输液，一直到天亮。从这以后，洋洋不躲着继父了，继父也经常带洋洋去看电影、到游乐场一起玩耍、吃美食……

慢慢地，洋洋觉得这个继父和自己的爸爸一样，都是有爱心的好爸爸，于是改口叫爸爸了，再也不躲避了。

(1) 自然面对，不要回避。面对新来的继父(母)，不要刻意抵触，要自然接触，因为这是事实，是不能回避的。

(2) 尊重是必需的。继父（母）进家后，如果你一时无法接受，可以不改口，但要尊重继父(母)，真心相待，爱护家庭，帮父母分担家庭的困难。

(3) 巧妙解决，不发生正面冲突。一家人生活在一起，发生误会是正常的事。如果生活中真的发生了不愉快的事，不要抱怨，不要正面冲突，可以坐下来敞开心扉谈谈，可以使用电话、短信、QQ、微信等方法交换意见，合理解决。

(4) 不要挑拨是非，更不要添油加醋。有了矛盾，要实事求是，不要故意隐瞒事实，添油加醋，造成家长的矛盾升级。明白继父（母）也不容易，也需要你的理解与认可。

(5) 学会换位思考。每个人都有自己的思维方式、习惯与主见，不要太强迫对方，多给对方点时间和空间，不要强加于人，以免好心办坏事。女生在家庭中应扮演“幸福调和剂”的角色，让家长快乐和幸福。

(6) 特殊的关心与爱。做一个有心的女生，遇到特殊节日(父母生日、继父母的生日、结婚纪念日等)，要制作小礼品，给他们送上真心祝福。

(7) 提高警惕，不能太随意。女生单独与继父在家时，要注意穿衣，不要过于暴露。

不是一家人，不进一家门，既然成了一家人，就要好好珍惜，敞开心扉接纳他（她），第二天早晨的阳光会更加温暖和明媚。

21. 与继父(母)的孩子怎么相处

平时，兄弟姐妹间少不了争吵打闹，一切归于平静后，一定会很快地和好如初。如果这个兄弟姐妹是继父（母）带来的，没有血缘关系的兄弟姐妹，你知道该怎么和他们相处吗?

12 岁的簌簌不喜欢继父带来的姐姐，因为以前吃穿用都是簌簌一个人的，现在不管什么都要两个人分。虽然姐姐只比簌簌大 2 岁，但是簌簌总是想方设法地“戏弄”这个

姐姐。

一天，姐姐正看电视连续剧，她没有经过姐姐允许，走过来就换了台，姐姐生气了，大发雷霆，两个人扭打到了一起。家长因为对这件事情的看法不一致而闹了别扭，吵闹起来。继父一气之下，带着姐姐回了老家。看着生气的妈妈，簌簌后悔不已。

（1）学会尊重，不要有狭隘心理，宽容、大度一点。与没有血缘关系的兄弟姐妹相处，要能接纳对方，不要太苛刻，彼此尊重、友好、和睦相处，才是最根本的大事，这也是家庭幸福的基础。

（2）学会换位思考，遇事多想着对方。双方因为琐碎事情发生的误会，要冷静、理智处理，换位思考，不要钻牛角尖，应该以家庭和睦为前提，多从自己身上找问题，牢记矛盾、误会宜解不宜结。

（3）学会帮助，多付出。既然生活在一起，不论是学习还是生活，都要互相帮助、互相谦让，多做点，多付出点，就会赢得对方的尊重，赢得对方的喜欢，赢得对方的欣赏。

（4）学会沟通，多交流、多接触。平时要主动与兄弟姐妹交流，取长补短，互相了解对方的生活特点与脾气秉性。

（5）及时请父母出面解决问题，化解矛盾。万一出现了解决不了的问题，不要着急，应大胆地找家长或老师调和，避免争吵。要牢记一个原则，实事求是，不编造谎言。

与没有血缘关系的兄弟姐妹相处，要互相礼让，一家人和和睦睦，对再婚的父母来说是好事，更是对家长莫大的安慰与尊重。

22. 父母吵架

生活中的磕磕绊绊是无法避免的，即使是我们的亲生父母也不例外。当他们吵架了，你是躲避呢？还是做父母的调解员呢？

14 岁的小义也不记得这是父母第几次吵架了，都麻木了。小义害怕父母吵架，每次父母吵架，小义就想找个地方躲起来，最好听不到他们的声音。

这次父母吵架，找到小义给他们评理。小义不想伤父母的心，于是躲到房间分别给父母写了张便条，表达了自己的感受和对父母的希望。

没想到这两张便条改变了父母的状态，他们不再争吵了。虽然也有矛盾，但是很多时候，父母都会叫上小义，一家人一起讨论问题、解决问题，家庭开始温暖了。

（1）要弄清楚父母到底是因为什么原因吵架。不要受干扰，不要盲目劝架，等到父母冷静下来后，再想解决办法。

（2）充当热心的调解人。父母吵架了，要懂得心疼父母，不要置之不理，更不要大声呵斥，要充当一个热心的调解人，了解父母吵架的真实原因，要理智地进行判断，而后心平气和地劝父母以和为贵，家里是温暖、有爱的地方，不是吵架的地方。

（3）正确解决。如果发现父母是因为小事吵架，可以把父母"批评"一顿。如果是大事，喊来家人，主要是爷爷、奶奶、姥姥、姥爷一起解决，一起商量。

（4）管好自己，不给父母找麻烦。女生以学为主，把学习搞好，在日常生活中，要多和父母聊聊天，对他们多些了解和理解，减少父母之间的矛盾。

自己可以在一旁装病，假装让父母担心。当看到父母在拌嘴时，自己可以说头很疼，这时父母可能就会把注意力转移到你的身上，从而停止吵架，这也是不错的方法。

23. 父母酗酒

酗酒的人，意志力一般很薄弱，性格也较软弱，有逃避现实的倾向。本来，适量饮酒，可以减轻人的疲劳，使人忘却烦恼，令人心情舒畅，增加社交活动和节日的欢聚喜庆气氛。但是，过量饮酒，以至饮酒成瘾，不仅危及自己的健康和家庭的幸福，对社会也会造成种种危害。如果父母酗酒，女生知道该怎么办吗？

小弛 10 岁了，上小学三年级。小弛的爸爸因为事业不顺利，经常发脾气、喝闷酒。每次喝酒回来，总是大喊大闹，周围的邻居都很有意见。小弛也不敢劝说爸爸。

一天晚上，爸爸又喝多了，回来就躺在楼梯口不动了，小弛拉爸爸回家，爸爸破口大骂，小弛准备自己回家。这时，一位正上楼的阿姨看了一眼躺在地上的爸爸，爸爸借着酒劲不干了，破口大骂。阿姨的丈夫听到后很生气，出来与小弛的爸爸理论，两个人越说越气，最后扭打在一起，惊动了整栋楼的邻居，大家纷纷打电话报警，才得以平息。

第二天早上，小弛的爸爸醒来时，感觉头疼，发现自己的脸上都是血痕。面对酗酒的爸爸，小弛不知道该怎么办？

（1）把握劝说戒酒的最佳时机。看到父母酗酒，当时不要乱说，要选择在父母冷静的时候，大脑清醒的时候，耐心交谈，直到父母认识到酗酒的危害。

（2）巧妙寻求他人的帮助解决问题。如果父母不听自己的劝解，可以找到父母的长辈或和父母亲近的朋友，让他们帮忙劝说。

(3) 用事实说话，让父母知道你的孝顺之心。直截了当地告诉父母你对他（她）酗酒的担心、惦记与不安，必要时，可以列举一些酗酒引起危害的例子，引起父母足够的重视。

(4) 机智阻止，保护父母。平时，发现父母酗酒闹事，立刻告诉爷爷、奶奶、姥姥、姥爷来帮助解决，安全把父母送回家。也可以采取一些特殊的措施阻止父母饮酒，让父母拒绝出席一些提供酒精的活动，请求父母走出家门，带自己参加社会公益活动或旅游，让他们远离酒精。建议父母去医院进行专业、正规的戒酒治疗，或寻求心理医生的帮助，戒除酒瘾。

要彻底戒除酒瘾，关键是酗酒的人必须真正认识到过量饮酒的危害，决心戒酒。女生可以通过报刊、书籍或网络等方式，让酗酒的父母认识到酗酒的危害，帮助父母戒酒。

24. 父母闹离婚

女生也许早就知道离婚这种事。不过，一直以来，你可能会认为离婚是别人家的事，与自己家没有关系。万一有一天，你也加入单亲家庭的行列了呢？很多女生在刚听到自己父母离婚这个消息时，会感到有些麻木，然后悲伤、困惑、愤怒，最后是恐惧……

离中考的日子越来越近，班主任却发现15岁的小雨学习成绩直线下降，原来爱说爱笑的小雨，现在经常一个人愁眉苦脸，面无表情。

细心的老师经过了解，知道了事情的真相。原来，小雨的父母在一个月前开始闹离婚，天天闹着去法院……

父母闹离婚，对小雨的影响很大，使她无法集中精力学习。为了帮助小雨能够正确对待父母闹离婚的事情，班主任专门给小雨找来了心理老师。心理老师对她进行了心理疏导，同时也请来了小雨的父母和小雨谈心，让小雨了解父母闹离婚的原因。

经过老师和父母的共同努力，小雨逐渐理解了父母，能够理智地面对父母闹离婚的事实。因为小雨心里知道，父母对自己的爱从未间断和缺少过，即便离婚了，也只是换了一种爱的方式，并不会抛弃自己。

（1）不偏袒。尽一切可能回避父母的冲突，看到或听到父母正在闹离婚的争吵场面，尽量不要掺和进去，应巧妙地置身事外。可以给朋友打电话，可以播放音乐，可以去外面读书，也可以逗逗宠物。

（2）寻找机会，巧妙介入。父母闹离婚吵架后，情绪平和了，要主动找父母谈心，告诉他们你自己内心的感受。

（3）正确对待。一旦父母离婚，要接受离婚的事实，不要任性，要认识到自己没有责任帮父母修复问题。父母解决或是不解决他们的问题，是他们自己的权利，父母任何一方都有追求幸福的权利。

（4）把自己的生活变轻松。想办法避免令人窒息的气氛，你也许必须过两次生日，过两次圣诞节。你可以让父母中的一个某天来夏令营探望你，而让另一个在另一天来看望你。你还可以把全天的学校开放日分成两个半天，告诉父母自己不喜欢别别扭扭的聚会，希望自己的生活能保持平静。通过这样的办法，你就可以避免抱怨他们当中的任何一位，并且让他们知道自己是需要被尊重的。

（5）关注自己的生活。当你把自己从父母的冲突中解救出来以后，你就能更好地打理你自己的日常学习与生活了。但是，要保证不会把自己对父母离婚的感受带给其他人。

（6）充分感受情感。父母离婚是很伤人的，这一点毋庸置疑，会让人非常想逃避那种受伤的感受。无论它有多令你痛苦，你都应该允许自己去感受它。你已经体验了什么是“失去”，它能引起悲伤、愤怒、担忧和困惑等情绪，但你没必要自己单独承受这些痛苦，你应该向特殊的朋友，或是关心你的、值得信任的人倾诉你正在经历的事情。要知道，与别人分享你的感受，不等于家丑外扬。辅导员、老师、亲戚、朋友和朋友的父母会为你保密的。

父母闹离婚时，女生要管好自己，认识到自己长大了，学习要抓紧，吃好、休息好，保证身体健康，不要过于悲观与紧张。

25. 亲人突然生病

一家人和睦快乐地生活，每天彼此分享，是每个女生期待的家庭。可是，有一天亲人突然生病，打破了原有的生活规律的时候，你是着急、不知所措呢，还是自然面对呢？

小西 14 岁了，上初中二年级，与爷爷的感情特别好。一天，爷爷摔倒在床边一动不动。小西想起妈妈嘱咐过自己，说爷爷心脏不好，万一突然生病了，马上拨打 120，给爷爷吃速效救心丸。于是，小西立刻拨打了 120 电话，又找来速效药，给爷爷服了下去，然后，分别给爸妈打了电话，一直陪在爷爷身边观察。

当急救车到达时，爷爷已经苏醒了。医生检查爷爷的身体后，表扬小西及时拨打了急救电话，喂服急救药，是个懂事的好孩子。

(1）要有耐心。一般情况下，突然生病的人不管处于哪个年龄阶段，最终的心理年龄都是小孩的心理，应该有足够的耐心，安慰突然生病的亲人。

(2）给突然生病的人信心支持。家里人突然生病了，要多与病人交流，增加病人的安全感，通过这种方式告诉病人，你随时都在他身边，让病人安心、放心。

(3）使用肢体语言，暗示病人有人关注。肢体语言很重要，尽量握着病人的手，给病人支撑并安慰病人很快就好了，不要紧张。

(4）担当起支撑家庭的责任。家人突然生病了，不要还把自己当成孩子，要敢于承担，主动做一些力所能及的家务，让患病的亲人可以安心养病。

(5）管理好自己。要合理安排好自己的学习、生活等各项活动，充分利用一切可以利用的时间来搞好学习，要使自己始终保持良好的心理状态。

对于突然生病的亲人，除了要多做，一定也要多说，有时候你做了却没有与病人交流也是于事无补的，心理护理与生理护理同等重要，你在做，但是你没有与患病的亲人交流，你就无法得知病人最需要的是什么，你该怎么做，病人才舒适。要主动关心、体贴病人的病痛，在讲话的态度、语调、方式上都要比平时更为亲切和蔼，尽可能在精神上消除病人的痛苦和不安。如果亲人病痛而情绪不佳时，要格外小心谨慎，多理解病人的烦躁心情，学会忍让、照顾。

八、意外伤害

1. 没有心跳与呼吸了

抢救没有呼吸的患者，务必要争分夺秒，每一分钟、每一秒钟都可能会抢救或丧失一个鲜活的生命。利用一切资源和智慧确保唯一的生命，必须要掌握这个急救技能。女生要认真学习急救知识，有备无患，多进行模拟训练。

10 岁的小鹿喜欢放风筝，周末，她在家门口放风筝。站在门口的台阶上，倒着走，不慎摔倒，后脑勺着地，一动不动。

14 岁的小花是她的邻居，恰好经过这里，发现了摔倒的小鹿，赶快过去救助，发现小鹿没有了呼吸与心跳，小花立刻拨打了急救电话，同时把学校卫生老师教会的心肺复苏法运用到小鹿身上，给她做心肺复苏。

几分钟后，急救车赶到，医生给小鹿实施了急救，直到她有了微弱的气息与心跳，大家才松了一口气。医生表扬小花有素质，临危不乱。

（1）立刻查看有无呼吸。呼吸道畅通的情况下，用耳朵贴近患者的口鼻，听有无气流通过的声音。或用面部贴近患者口鼻处，感觉有无气体呼出。同时，认真观察患者的胸口有无起伏。如果没有自主呼吸，要立即进行人工呼吸。

（2）口对口人工呼吸。首先，患者平卧，松解腰带、衣扣，清除口腔内的异物，保持呼吸道畅通。用一只手托起患者的下颌，尽量使患者的头后仰。另一只手紧捏患者鼻孔，以免漏气。其次，施救者深吸一口气，紧贴患者口部向内吹气，直至见到患者胸廓升起为止。再次，吹气完毕后，施救者抬头，嘴离开患者的口，同时松开捏患者鼻子的手，让其胸廓及肺自动回缩，出现呼气动作。反复进行，每分钟吹气 12 ~ 16 次。吹气量要适中，不要过猛、过大，以防止吹破肺泡。吹气量也不要过小，以免气体供应不足，没有效果。

（3）胸外心脏按压术。首先，患者仰卧硬板床或地上。其次，施救者以一掌根部放于患者胸骨下 2/3 处，将另外一只手掌压于其上，前臂与患者胸骨垂直，以上身前倾之力向脊柱方向作有节奏的带冲击性按压，每次使胸骨下陷 3 ~ 4 厘米左右，随即放松，以利心脏舒张。最后，按压每分钟 80 次左右，直至心跳恢复。注意事项有三点，一是按压位置要正确，不能在心前区剑突下方。二是按压用力适宜，过重导致肋骨骨折，心包积液，过轻达不到目的。三是进行本操作时，应进行人工呼吸。

抢救时，施救者要争分夺秒，集中精力，密切观察患者情况，同时招呼其他人拨打120急救电话。

2. 出血种类

血液是人体不可缺少的物质，它携带的营养成分和氧气是人体各组织器官进行生命活动的物质基础。女生知道吗？人体一旦缺少了血液，就会发生问题，甚至危及生命安全。

13岁的小玫上初二，今天下课后，她们学习小组留下做值日。擦窗户时，摔倒了，胳膊被钉子扎破，流血不止，呈喷射状，很吓人。吓得她惊慌起来，坐在地上哭着。

组长发现后，感觉情况不对劲，立刻找来校医。校医发现是动脉出血，很危急，立刻进行手压止血，然后拨打了120急救电话。急救车到来后，进行了急救处理，医生说动脉出血很危险，必须立刻止血，不能耽误时间。

（1）内出血。判断内出血的要点是：看有无从嘴里、鼻子里流出的鲜血，如果有，说明有内出血。感觉体内有无疼痛、外伤、瘀肿，如果有，说明有内出血的嫌疑。看大小便有无异常颜色，如果大便发黑、发红，或有血尿，说明有内出血。感觉精神有无疲惫、乏力，思维是否清醒，有无意识模糊，头晕不晕，如果有，可能有内出血。感觉呼吸、心跳情况，如果不正常，说明可能有内出血。如果情况严重，立刻告诉家长、老师，尽快去医院检查治疗。

（2）外出血。外出血分为动脉出血、静脉出血和毛细血管出血。动脉出血的特点是颜色鲜红，血流较快，常呈喷射状，非常危险，需要立刻止血。静脉出血的特点是血色暗红，血流较缓，危险性不太大，但也不能掉以轻心。毛细血管出血，血液缓慢渗出，没有危险，可以自行止血。

人体受伤后，由于内出血看不到明显的症状，很容易忽视，必须引起重视。快速判断内出血的方法是：皮肤苍白、湿冷、表情淡漠、少言寡语、呼吸变浅、烦躁不安、口渴等。

3. 正确止血

创伤包括皮肤破损、血管及神经断裂、骨折等，出血比较常见，其中肉眼可见的叫外出血，只要不是大动脉出血，得救的机会比较多。内出血不易判断，当出血量达到一定程度，伤者会休克、疼痛，女生要掌握一些卫生与急救常识，遇到紧急情况，能做到心中有数。

8岁的小龙从小身体一直很健壮，春节前，因为肺炎住院输液。小龙从来没有输过液。第一次输液，难免有些紧张。好在有妈妈和护士阿姨的安慰，慢慢才适应了。躺了快两个小时，小龙浑身僵硬难受，好不容易盼到快输完了，这时，妈妈出去接电话，护士阿姨小心翼翼地给小龙拔了针，告诉她轻按一会儿针眼处就可以止血了。

小龙只顾放松自己的身体了，没有听护士的话。当她弯腰系鞋带的时候，看到自己的手上流了好多血，一紧张，甩到了洁白的床单上，从来没见过这么多血，小龙大哭起来，觉得自己快不行了。

护士和妈妈赶紧跑过来，帮小龙擦拭血液，并帮小龙轻轻按住针眼部位，一会儿，血就止住了，护士阿姨告诉小龙，输液一般都是静脉注射，针眼部位需要轻轻按压一会儿，很快就止血了，不必紧张。

（1）毛细血管出血时，不必紧张。可以自然止血，也可以用创可贴包扎伤口。因为毛细血管破裂出血时，伤口较小，出血不多，用创可贴止血即可。

（2）动脉受伤出血时，争分夺秒。发现动脉血管出血，正确的急救方法是采用指压法（或止血带）近心端止血，可以用纱布、绷带包扎或指压法止血。牢记四个字：压、包、塞、捆。

压：一种是伤口直接压迫，使用干净纱布，或直接按在出血区，能有效止血。另外一种是指压止血法，用干净的手指压在出血动脉近端附近的骨头上，阻断运血来源，以达到止血的目的。

包：包扎所用的材料是纱布、绷带、弹性绷带或干净棉布，或用棉织品做成的衬垫。包扎的原则是先盖后包，力度适中。先盖后包，即先在伤口上盖上敷料（消毒的，够大够厚的棉织品衬垫），然后再用绷带或三角巾包扎。这是因为常用的普通纱布容易摩擦伤口，给后续处理伤口增加难度。力度适中，指的是包扎后应有效止血，远端的动脉还在搏动。包扎过松，止血无效。包扎过紧会造成远端组织缺血、缺氧坏死。

塞：用于腋窝、肩、口鼻处的填塞止血方法，是用棉织品将出血的空腔或组织缺损处紧紧填塞，直至确实止住出血。填实后，伤口外侧盖上敷料，加压包扎，达到止血的目的。此方法有一定的危险性，因为用压力将棉织品填塞结实，可能造成局部组织损伤，同时又将外面的脏东西带入体内造成感染，尤其是厌氧菌感染，常造成破伤风或气性坏疽。所以除非必要时，尽量不要采用此法。

捆：止血带止血，通常在应急时用以控制血液大量流出，但可能造成神经和肌肉的损伤，也会因肢体出血引起全身性并发症，不在万不得已的情况下不要使用此法。止血带不直接与皮肤接触，利用消毒的棉织品做衬垫。止血带松紧要合适，以止血后远端不再大量出血为准。止血带定时放松，每 40 ~ 50 分钟松开一次，松开时要用手进行指压止血 2 ~ 3 分钟。

（3）内出血时，要引起足够的重视，绝对不能大意，立刻停止活动，告诉家长、老师，去医院检查治疗。

发现身体某部位出血时，要保持冷静，既不要麻痹大意，不予理睬，也不能惊慌失措，导致情绪失控，加速出血。

4. 简易包扎

生活中的事情说不准，女生常常会因为疏忽或是突发事件而受到意外伤害，如果女生自己或是身边的人受伤了，你会进行简易包扎吗？能不能通过正确的包扎，减少不必要的“二次伤害”呢？

暑假的一天，11岁的小君独自在公园里放风筝。风向突然改变，风筝猛然下降，小君为了控制风筝方向，快速倒退，被石头绊倒，扭伤了脚。为了不让风筝跑掉，她挣扎着站起来，又因疼痛难忍摔倒了，再也起不来了。

她立刻掏出手机告诉妈妈，妈妈赶来，送她去医院检查。医生说很严重，需要住院治疗，还有可能落下残疾。医生耐心地对小君说，以后遇到这种情况，受伤部位绝对不能再次“吃力”，应该进行简易包扎固定扭伤的脚，不让受伤的脚继续活动，如果及时采取措施，脚就不至于受到“二次伤害”了。小君惭愧地低

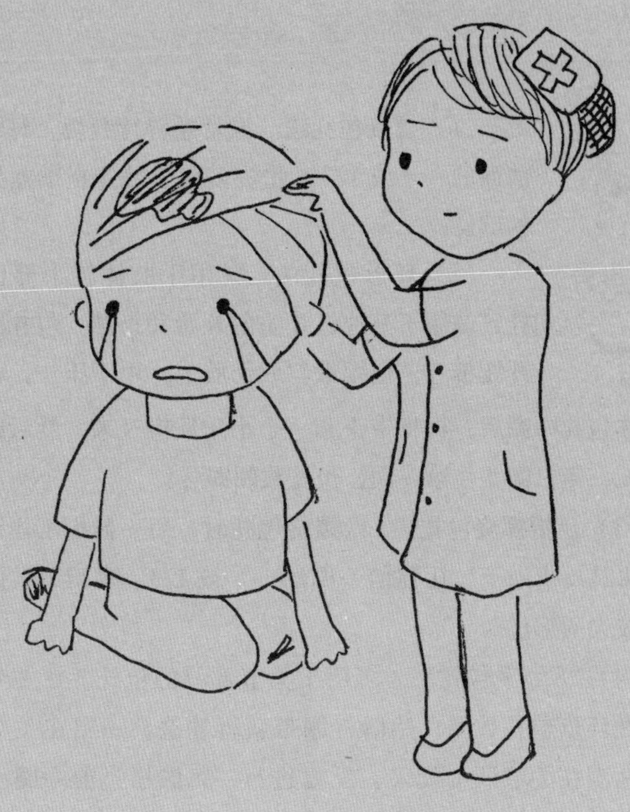

「简易包扎」

下了头。

（1）螺旋包扎法。绷带卷斜行缠绕，每卷压着前面的一半或1/3。此法多用于肢体粗细差别不大的部位。

（2）环形包扎法。常用于肢体较小部位的包扎，或用于其他包扎法的开始和终结。包扎时，打开绷带卷，把绷带斜放伤肢上，用手压住，将绷带绕肢体包扎一圈后，再将带头和一个小角反折过来，然后继续绕圈包扎，第二圈盖住第一圈，包扎数圈即可。

（3）反折螺旋包扎法。做螺旋包扎时，用一拇指压住绷带上方，将其反折向下，压住前一圈的一半或1/3，多用于肢体粗细相差较大的部位。

（4）"8"字包扎法。多用于关节部位的包扎。在关节上方开始做环形包扎数圈，然后将绷带斜行缠绕，一圈在关节下缠绕，两圈在关节凹面交叉，反复进行，每圈压过前一圈一半或1/3。

（5）多学习、多实践。平时，可以请校医帮助指导，手把手教你包扎的技术，不要认为是可有可无的事，艺多不压身。

简易包扎适合外伤的处置，避免感染和"二次伤害"。包扎完毕，要立即送往医院进行专业诊治。

5. 骨折

无论什么原因，一旦受伤了，就要认真对待，只要意识清醒，没有生命危险，就要认真观察、判断受伤部位是否骨折了，这是非常重要的步骤。

14 岁的小红酷爱体育锻炼，每到周日下午，小红都去公园里的运动器械上锻炼。周日下午，她一如既往地来到运动器械上锻炼，上了单杠，刚刚摆动，突然，听到胳膊“嘎嘣”响了一声，之后感觉胳膊酸疼，不能动弹了。她觉得自己肯定是骨折了，吓得不敢动弹。

急匆匆地回家告诉了妈妈，妈妈立刻带她到医院拍 X 光片，确定不是骨折，是脱臼。小红长出了一口气，在医生的治疗下，很快复位了。

（1）造成骨折的原因。主要是因为外伤引起的，以跌伤、砸伤、撞伤、扎伤常见，如被行进的机动车、自行车、三轮车、马车撞伤；被重物挤伤、压伤；被倒塌的房屋、大树、电线杆、墙砸伤。生活中，手指或脚趾不小心被石块、砖头等砸伤，或被门缝、窗棂、椅子腿等挤伤，都容易导致骨折。

（2）骨折的显著特征。骨折可分为闭合性与开放性两种，前者皮肤完整；后者皮肤破裂，骨折端与外界相通。运动中发生的骨折多为闭合性骨折，它是运动创伤中严重的损伤之一。骨折随时随地发生在人们身边，需要特别提防。骨折后的典型表现是骨折点周围出现局部变形，肢体出现异常运动，移动肢体时可听到骨擦音。此外，骨折点四周剧痛，局部肿胀、瘀血，伤后出现运动障碍。一般情况下，常为一个部位骨折，少数为多发性骨折。经及时恰当处理，多数患者能恢复原来的功能，少数患者遗留有不同程度的后遗症。

（3）认真对待，不能麻痹大意。发生骨折后，要高度重视，不能逞能，或不在乎，要认真固定骨折点，即刻去医院。

发生伤情后，在没有生命危险的情况下，不要急着起来，因为一旦有骨折发生，着急爬、站起来，容易导致骨折点受到“二次伤害”。

6. 处置骨折

骨折患者的典型表现是疼痛难忍，骨折点出现局部变形，肢体出现异常运动，移动肢体时，可听到骨擦音。此外，伤口局部肿胀、瘀血、青紫，伤后出现运动障碍等。

14 岁的小花陪着 11 岁的弟弟练习骑自行车，很快弟弟就学会了。弟弟觉得自己会骑了，洋洋得意地骑出了很远，小花在后面追得气喘吁吁。

突然，弟弟一个趔趄，人和自行车一起倒了下去。小花飞快地跑到弟弟跟前一看，弟弟的左脚插进自行车轱辘里出不来，疼痛难忍，大哭着。

小花赶紧使劲把弟弟的脚从车轱辘里拽了出来，这一拽不要紧，弟弟疼得冒了汗。小花把弟弟扶上自行车后座，骑着自行车穿梭在石子路上，一路颠簸，一路飞奔，终于把弟弟带回家。

妈妈赶紧带着弟弟来到医院拍片，弟弟的脚骨折了。医生说弟弟的脚原本骨折不是很严重，因为当时小花让弟弟坐在自行车后座上，脚悬空又遭遇颠簸，骨折点没有被固定，造成了“二次伤害”，可能会留下后遗症。小花为自己的无知哭了起来。

（1）如皮肤有伤口及出血，要清除可见的污物，然后用干净的棉花或毛巾等加压包扎。

（2）四肢开放性骨折有出血时，不能滥用绳索或电线捆扎肢体。可用宽布条、橡皮胶管在伤口的上方捆扎。捆扎不要太紧，以不出血为度，并且要隔1小时放松1~2分钟。上肢捆扎止血带应在上臂的1/3处，以避免损伤桡神经。

（3）上肢骨折可用木板、木棍、硬纸板进行固定，然后用绷带或绳索悬吊于脖子上。下肢骨折可用木板或木棍捆扎固定，也可将双下肢捆绑在一起，以达到固定的目的。

（4）骨盆骨折，用宽布条扎住骨盆，患者仰卧，膝关节半屈位，膝下垫一枕头或衣物，以稳定身体，减少晃动。

（5）处置后，搬动患者，及时送医院。搬动患者动作要轻，使受伤肢体避免弯曲、扭转、吃力。搬动胸腰椎骨折患者，须由

2～3人同时托稳患者的头、肩、臀和下肢，把患者平托起来，放在担架或木板上。

（6）回家康复时，应注意按时用药，加强营养，遵照医嘱，进行早期功能恢复性锻炼。

为了更好地使发生骨折的骨骼愈合，要根据骨折程度的不同，配合食物和药物治疗，比如多喝骨头汤，勤晒太阳，以促进血肿吸收或骨痂生成。

7. 搬运伤者

发现伤者后，如果不是必须紧急抢救搬运，最好不要随意移动伤者。如果必须搬运，要认真观察地形，计算时间、路线、速度，以确定搬运伤员的最好方法，以免造成不必要的“二次伤害”。

周末中午，小学三年级的小香和同学来到社区健身运动器械区域。站在摇摆梯上，两人摇摇晃晃的，玩得挺开心。同学的电话响了，伸手接电话，身体失去平衡，从摇摆梯上跌落下来，胳膊着地，扭曲变形了。小香赶紧背起同学往社区医院跑，到社区医院后，同学疼得落泪了。医生初步判断是骨折，立刻拍了 X 光片，确诊为骨折，需要住院治疗。

本来骨折的患者是不能随便挪动的，可是因为小香不懂得救助常识，背起同学时，又把同学的胳膊搭在了自己的肩膀上，这样就加重了骨折的伤情。小香十分懊悔，埋怨自己不懂骨折的处理方式，好心帮了倒忙。

(1) 单人搬运。

扶持法。顾名思义，就是搀扶着伤者走，这种方法只适用于可以自己行走的伤者，是最简单、最容易成功的运送伤者的方法。

拖行法。这种搬运方法适合拖行仰卧的伤者，或是处于坐姿的伤员。具体要领是：轻轻地把你的双手插到伤员的腋下，分别抓住两边的衣服，将伤员的头支撑在你的前臂间，将伤员向后拖行到最近的安全地点。要注意，在拖拽伤者的衣服时，不要影响伤者呼吸。

拖毯法。这个方法的前提条件是需要毯子，对于可以采用拖行法移动的伤者，借助毯子，救助者将伤员平稳地移动到毯子上，然后朝安全方向进行拖拉。

背负法。将一个站着或者坐着的伤者背到你的背上，如果伤者已无知觉或者手臂有伤，不要用这种方法。搬运伤者下楼时，如果你怀疑伤员头部或者脊柱受伤，或者断肢，不要用这种方法。可能的话，用床垫或者地毯垫在伤员身下。

爬行法。使用三角巾或撕开的衬衫等，把伤员的手扎在一起，把扎着的双手套在你的脖子上。用这种方法你可以挪动比你重很多的人。

（2）简易担架。最安全可靠的方法是担架运送法，但是需要两个救助者，而且体力均等，身高差不多。发现伤者后，立刻寻找身边有无携带的担架，如果有，立刻拿出来使用。如果没有现成的担架，就地取材，用桌面或门板当担架，或用两根坚硬的长杆、数根短杆以及毛毯或衣物来制作一个简易担架。不要用非刚性的担架运送疑似头部或脊椎受伤的伤者。使用前，检查担架的牢固程度，判断能否承载伤员。运送过程中，认真观察道路，预先判断狭窄地段能否通过担架，当通过不平整的地面时，尽量保持水平。救援者要时时调整担架高度，以补偿地形起伏的影响。

所有的伤者都可能会因救援的动作而感觉到不适或疼痛加剧，记住不要过多地移动伤者，只有那些为保证伤者生命安全而必需的事，才有必要去做。运送中，安慰有知觉的伤者，留人一直陪伴着，直到医生到来。

8. 内脏脱出

虽然女生的生活里很少出现内脏脱出的伤情，但是在灾难面前，在突然发生的意外事故中，很可能发生内脏脱出。所以，掌握一些救治方法，多些卫生急救知识，危急时刻，对女生们是非常有益的。

真实事件

暑假，13 岁的小明坐爸爸的车去郊区旅游。汽车进入山区，急拐弯时，翻滚了，爸爸受了重伤，昏迷过去。

小明被锋利的石头刮伤了腹部，露出了肠子。她看到肠子后，惊恐万分，盲目喊叫、抓挠、奔跑，导致大出血，失去了宝贵的生命。

(1) 克服应急反应，提高心理承受能力。一般人看见内脏会感到恐惧，但在生死关头，应以生命至上。这时，必须暗示自己没有什么可怕的，生命最重要。激励自己能闯过这一关，战胜恐惧。可以想一想关公刮骨疗伤的画面。

(2) 博览群书，多学习卫生常识，了解人体生理结构。当你掌握了人体的基本生理结构后，可以预先有一个心理准备，一旦真的遇见了内脏外出的事情，就不至于过于紧张了。

(3) 自我保护，方法正确。为了防止内脏继续脱出，减轻疼痛，伤者应以仰卧的姿势，屈曲下肢，膝下垫高，以减轻腹肌的张力。

(4) 快速处置，相对固定，包扎正确。当意外发生，内脏外露时，为了避免腹腔内发生感染，一般不要把脱出的内脏送回腹腔，要采用保护性的包扎法进行包扎处理。正确包扎法：迅速用大块干净的纱布盖好脱出的脏器，然后用消毒的碗扣上，注意不要扣压内脏，然后用绷带进行包扎。如果没有碗，可以用缠上纱布的腰带圈，扣住脱出物。

一旦受伤，内脏脱出，必须冷静，胆子小的人一定要暗示自己，深呼吸，注意调整自己的情绪，以免失去控制力，造成严重后果。

9. 被脏东西扎伤了

被扎伤的事在女生的生活里会经常发生，万一发生了，你知道简单的治疗方法吗？你知道简便的包扎方法吗？你想过没有，会不会因为你的大意或马虎，造成更严重的后果？一旦你处理不好伤口，你会后悔吗？

小兰今年上小学一年级，课间休息时，同学不小心，用铅笔扎到了小兰的大腿。当时，白白的腿上留有一个很小的黑点，小兰以为是铅笔划的印，没有在意。过了 2 天，腿上的黑点处开始泛红、发痒。

小兰找到妈妈查看，并和妈妈说了被同学用铅笔扎伤的过程。妈妈不敢怠慢，立刻带小兰来到医院，医生把留在她皮肤里的铅笔屑取出，清洗了伤口，涂抹了外用消炎药。告诉小兰，被脏东西扎伤必须要进行消毒清洗，如果伤口深，还需要打破伤风针。

（1）不要隐瞒，认真处理。被扎伤后，不要刻意隐瞒，立刻告诉家长、老师，让他们帮助自己。如果家长、老师不在身边，立刻用生理盐水把脏东西洗出来，然后用过氧化氢清洗伤口至深部，再用生理盐水洗一遍，最后用碘伏给伤口周围皮肤消毒，不要擦到伤口里面。

（2）必须去医院治疗，不能耽误。如果伤口严重，特别深的、闭合的伤口，更不能大意，如果是被埋在地里的生锈的铁钉、石头、树枝扎伤，要立刻去医院处理，按照医生的医嘱，打破伤风疫苗。

（3）处处小心，安全第一。日常学习生活中，不要带坚硬物品或有危险的刀具之类的东西，更不能随意打闹，避免误伤。

扎伤后，要保持理智，正确处理伤口，认真清洗、消毒，因为皮肤破损很容易感染，不要麻痹大意。

九、非常情况

1. 陷入洞穴

女生想一想，你们在户外活动时，知道地域复杂吗？也许你没有在意，可能会突然陷入洞穴中，你会害怕、恐惧吗？你知道该怎么办吗？

10岁的小慧回老家看姥姥，白天与姥爷一起外出放羊。路过一片草地时，小慧看见一只漂亮的蝴蝶，高兴地追了过去。

“扑通”一声，瞬间掉入3米多深的洞穴中。吓得她惊魂未定，高声呼喊。姥爷闻讯，及时赶来，扔下绳子，将小慧拉了上来。

（1）沉着冷静，检查身体。坠入洞穴后，要保持冷静，立刻检查身体有无受伤，如果有出血，应该立刻止血；如果呼吸道堵塞，要立刻清理呼吸道；如果有骨折，注意保护骨折点，防止“二次伤害”。

（2）机智呼救，寻求外界帮助。稳定下来后，立刻认真查看四周有无危险，听洞穴上面有无人员，发现有人员走动时，要及时呼喊，或向上扔石头，发出求救信号。

(3) 坚强自信，努力自救。无论什么情况下，都不要放弃。可以利用周围一切可以利用的材料（绳索、稻草、藤萝等）进行自救。万一自救失败，注意保存体力，耐心等待救援。

无论多么糟糕的环境都要保持乐观的心态，不断暗示自己：一定会有人救援。

2. 空难

空难，指航空器等在飞行中发生故障、遭遇自然灾害或其他意外事故所造成的灾难。指由于不可抗拒的原因或人为因素造成的飞机失事，并由此带来灾难性的人员伤亡和财产损失。

东南亚某国，一架私人飞机飞行中意外坠毁。11 岁的小玛丽独自逃出飞机残骸，看着妈妈爸爸的尸体，没有胆怯，更没有惊慌失措，非常冷静地收集食物、饮水、物资，点燃了“救命之火”，向外面报警、求救。

两天后，空中搜索人员发现了燃烧的火，成功地找到了小玛丽，安全把她送回家。

（1）听从指挥，不惊慌失措。空难发生后，踩踏、逃生口被堵死的现象常有发生。务必要听从乘务人员的指挥，有序逃生是最重要的。

（2）认真听讲解，牢记守则。飞机起飞前，乘务人员会为乘客“上课”，告诉你安全出口在哪儿、怎样逃生等，乘客应认真听课，一旦遇到紧急情况，听从指挥，从离自己最近的安全出口逃生，同时避开烟、火及障碍物等。

（3）系好安全带，减少飞机坠毁时带来的冲击力。按照要求，主动系上安全带，按照飞机安全提示，保持俯身、双手抓住脚踝等安全姿势。

（4）危险时段，提高警惕。乘客应时刻保持警惕，尤其是起飞后 3 分钟与降落前 8 分钟这两个时段。研究显示，80% 的空难发生在这两个时间段。危险时段，不宜在飞机上忙着看报、喝饮料、看电影或睡觉，这是不好的习惯。

（5）远离危险，提高生存能力。逃离飞机残骸后，如果伴有飞机起火冒烟，乘客一般只有不到两分钟的逃离时间。如果飞机坠毁在陆地上，应逃到距离飞机残骸 200 米以外的上风口区域，但不要逃得太远，以方便救援人员寻找；如果飞机坠毁在海面，乘客应该尽快游离飞机残骸，越远越好，因为残骸可能发生爆炸，也可能沉入水底。在安全有保障的前提下，尽量收集更多的食物、饮水、药品与物资，以备长期生存之用。

紧急提示

掌握飞机失事的6大征兆：①机身颠簸；②飞机急剧下降；③舱内出现烟雾；④舱外出现黑烟；⑤发动机关闭，一直伴随着的飞机轰鸣声消失；⑥在高空飞行时一声巨响，舱内尘土飞扬，这是机身破裂舱内突然减压的征兆。

3. 海难

船舶在海上遭遇自然灾害或其他意外事故所造成的灾难，会给人们的生命财产造成巨大损失。造成海难的事故种类很多，大致有船舶搁浅、触礁、碰撞、火灾、爆炸、翻沉，以及船舶主机和设备损坏而无法自修以致船舶失控等。

泰坦尼克号失事应该是史上最著名的海难事件。1912年4月15日凌晨，泰坦尼克号在撞上冰山差不多两小时后，这艘当时世界上最大、最豪华，号称“永不沉没的船”“梦幻之船”“最安全的邮轮”的邮轮在其处女航途中沉没。1500人遇难。

（1）必须要理智。面对灾难，要保持镇定，听从船长及工作人员的指挥，在撤离船舱前，要尽可能多穿衣服，戴上手套，围好围巾，穿好袜子、鞋等，然后再穿救生衣，救生衣一定要穿紧。即使没有救生衣，也不能脱掉衣服。

（2）不会游泳者落水后的自救。遇到这种情况时，下沉前，拼命吸一口气是极其重要的，也是能否生存的关键。往下沉时，要保持镇静，紧闭嘴唇、咬紧牙齿，憋住气，不要在水中拼命挣扎，应仰起头，使身体倾斜，保持这种姿态，就可以慢慢浮上水面。浮上水面后，不要将手举出水面，要放在水面下划水，使头部保持在水面以上，以便呼吸空气。如有可能，应脱掉鞋子和重衣服，寻找漂浮物并牢牢抓住。这时，应向岸边的行人呼救，并自行有规律地划水，慢慢向岸边游动。在水中，及时收集东西（食物、淡水、药品、物资等）。

（3）听从指挥，在短时间内奔到通向甲板的最近出口，尽快跑到甲板上。如果不得不离船时，一定要穿好救生衣，跳水时，尽量选择较低的位置，同时要避开水面上的漂浮物，从船的上风舷跳下。如果船左右倾斜，则应从船首或船尾跳下。跳到水中，应采取最安全的姿势，双脚并拢，屈到胸前，两臂紧贴身旁，交叉放在救生衣上，使头颈露出水面。这样做，对保持体温很重要。

（4）想方设法求救。落水后，有效地利用反射光、信号筒、防水电筒、自制信号旗、海上救生灯、铝制尼龙布等各种信号工具，发出求救信号，会增大得救的可能性。

海难发生后，盲目地跟着已失去控制的人乱跑乱撞是不行的，一味地等待别人救援也会贻误逃生时间，必须采取积极的办法逃生。人的体力不同，在水中生存的时间也不同。一般来说，人浸泡在15～20℃的水中，可生存12小时；水温10～15℃时，多数人可生存6小时；水温5～10℃时，有一半人可生存1小时以上；水温2～5℃时，大部分人生存时间不会超过1小时；水温2℃以下时，一般人只能耐受几分钟。这里还不包括恐惧心理的影响，而只是说生理上的耐受力。低水温环境下，体内各重要器官会发生严重的功能失调，心室发生纤颤，这是海难导致死亡的主要原因。

4. 龙卷风

龙卷风产生的强力旋涡中心附近风速极大，可达100米。龙卷风的破坏性极强，可以拔起大树、掀翻车辆、摧毁建筑物等，甚至把人吸走。龙卷风主要发生在夏季的中午至傍晚。龙卷风可以在任何地区形成，并可分为陆龙卷、水龙卷等。

10岁的小凤与妈妈去南方的某海岛玩，妈妈在海边拍照，小凤爬上山抓蚂蚱。忽然，远处传来“噼里啪啦”的响声，小凤探头向前面看，在百米高的空中，一条“乌龙”高速旋转着向山头方向移动。

她很好奇，不知道龙卷风的厉害，站起来观察龙卷风，不幸被天空中落下的树枝扎伤，全身流血。妈妈及时赶来，把小凤送进医院。

(1) 立刻隐蔽，不能冒失，安全自保。如果独自在外发现龙卷风，不要好奇观察，立刻观察龙卷风的方向，使自己的位置与龙卷风的方向错开。根据地形情况，选择安全隐藏地点。如结实的房屋中、地下室、桥梁底下、涵洞、地下通道、地窖里等。

(2) 选择最安全的位置。龙卷风到来时，如果你在室内躲避，应该远离迎对龙卷风的窗户、门与玻璃，立刻蹲在结实的家具下、背风一面的墙壁下、卫生间的墙角处。

(3) 远离危险的地点。当龙卷风来袭时，自行车、汽车、大树、广告牌、桥梁、高压电线架、电视发射塔、电线杆是极其危险的“杀手”，因为它们随时可以被抛掷空中，造成自由坠落。所以，要远离车辆、桥梁、大树、广告牌、发射塔等。

无论在何种情况下，都不应在龙卷风接近时留在车内，因为龙卷风所过之处，任何车辆都容易被卷起并抛掷空中。

5. 被压埋

房屋倒塌、地下作业塌方、旅游中掉入洞穴、废弃的窑洞、遇到枯朽的大树等，都可使人被压埋。

轻微的压埋，自己处理一下即可。严重的压埋，伤势较重者，头颅、胸腹、脊椎、四肢均可受伤，可能造成颅内、内脏破裂大出血或四肢骨折，乃至脊椎骨折后瘫痪，甚至发生窒息，导致死亡。

14 岁的典典从小父母双亡，一直跟着姥爷、姥姥长大。放假期间，她从学校回姥姥家团聚。当天晚上，姥姥家的房屋因为当地村民开山放炮，突然倒塌，典典被压埋在其中。

典典保持冷静，快速把堵着鼻子与嘴的沙石土块推走，让呼吸畅通，然后慢慢尝试移动身体，找到最佳位置后，为保存体力，安静地等待救援，时不时用石块敲打，为外界提供位置信息。两小时后，村民们赶来，典典获救了。

(1) 防止“二次伤害”。被压埋后，保护自己不受新伤害，先设法把双手从埋压物中抽出来，保持呼吸畅通，尽量挪开脸前、胸前的杂物，清除口、鼻附近的灰土。一旦闻到煤气及有毒异味，或感觉灰尘太大时，设法用湿衣物捂住口、鼻。

(2) 改善环境，消除危险。设法避开身体上方不结实的倒塌物、悬挂物或其他危险物，搬开身边可搬动的碎砖瓦等杂物，扩大活动空间。注意，搬不动时，千万不要勉强，防止周围杂物再次倒塌。设法用砖石、木棍等支撑残垣断壁，以防造成新的倒塌。不要随便动用室内设施，包括电源、水源等，也不要使用明火。

(3) 设法脱离险境。设法与外界联系，仔细听听周围有没有其他人，听到人声时，呼喊的同时，用石块敲击铁管、墙壁，发出呼救信号。试着寻找通道，观察四周有没有通道或光亮，分析自己所处的位置，判断从哪个方向有可能脱险。试着搬开障碍，开辟通道。若开辟通道费时过长、费力过大或不安全时，应立即停止，以保存体力。

(4) 保护自己，等待救援。如果暂时不能脱险，要耐心等待，保护好自己，等待救援。保存体力时，不要大声哭喊，尽量闭目休息。不要勉强行动，待外面有人营救时，再按营救人员的要求配合救援。被救出后，按医生要求保护眼睛，因为长时间处在黑暗中的眼睛不能受强光刺激，进水、进食要听医嘱，以免肠胃受到伤害。

(5) 想方设法，维持生命，哪怕能延续几秒钟。立刻寻找身边的食物和水，节约使用食物和水。如果受伤了，想办法包扎，快速止血，防止伤口感染，尽量少活动。

被压埋时，有许多人表面并未见损伤或出血，但很快会昏迷或死亡。其原因多为内脏破裂导致内出血或头部受伤引起颅内出血。所以，凡被压埋患者，一旦被救出后，虽是“轻”伤，也要认真检查，不可麻痹大意。

6. 森林大火

假期，有很多女生喜欢到各地的名山大川旅游，掌握一定的森林火灾常识和避险技能，对于保护生命财产安全是非常有必要的。

暑假，9 岁的小毛与家人去外地旅游。进入森林时，她抓了几只蚂蚱，点燃松针烧烤蚂蚱，最终导致森林大火。

一家人急忙逃生，由于火势迅猛，被不同程度地烧伤了。幸亏护林员发现及时，急忙启动了紧急灭火预案，保住了小毛一家人的生命安全。但是，数百棵松树被烧毁了，小毛的家长将面临严厉的处罚。

（1）认识森林大火的危害。森林火灾对人身造成的伤害主要来自高温、浓烟和一氧化碳，容易造成热烤中暑、烧伤、窒息或中毒，尤其是一氧化碳具有潜伏性，会降低人的精神敏锐性，中毒后不容易被察觉。因此，一旦发现自己身处森林着火区域，应当使用湿毛巾遮住口鼻，附近有水的话，最好把身上的衣服浸湿，这样就多了一层保护。然后要判明火势大小、火苗延烧的方向，应当逆风逃生，切不可顺风逃生。

（2）注意观察风向，不能麻痹大意。在森林中遭遇火灾，一定要密切观察风向的变化，因为风向就是大火蔓延的方向，这就决定了你逃生的方向是否正确。实践表明，现场刮起 5 级以上的大风时，火灾就会失控。如果突然感觉到无风的时候，更不能麻痹大意，这时往往意味着风向将会发生变化或逆转，一旦逃避不及时，容易造成伤亡。

（3）自保方法。呼吸道、眼睛、皮肤是重点保护的部位，要采取特别的办法。当烟尘袭来时，用湿毛巾或衣服捂住口鼻迅速躲避。躲避不及时，应选附近没有可燃物的平地卧地避烟。切不可选择低洼地或坑、洞，因为低洼地、坑、洞容易沉积烟尘。如果被大火包围在半山腰时，要快速向山下跑，切忌往山上跑，通常火势向上蔓延的速度要比人跑得快得多，火头会跑到你的前面。一旦大火扑向你的时候，如果你处在下风向，要果断地迎风横向逃生，巧妙地突破包围圈，切忌顺风逃生。如果时间允许，可以主动点火烧掉周围的可燃物，当烧出一片空地后，迅速进入空地，卧倒，脸贴近地面，尽力避免烟熏。

（4）不要发生“二次伤害”，及时清点人数。安全、顺利脱离火灾现场后，尽量不要在灾害现场休息，要防止蚊虫或蛇、野兽、毒蜂的侵袭。集体或结伴出游的朋友应当相互查看一下伙伴们是否都在，如果有掉队的人，应当及时向当地灭火救灾人员求援。

外出的活动地域在山区或林区时，一定不要乱用烟火，要自觉遵守林区的防火规定。

7. 泥石流

在适当的地形条件下，大量的山体浸透流水，山坡或沟床中的固体堆积物的稳定性大大降低，饱含水分的固体堆积物在自身重力作用下发生运动，就形成了泥石流。通常泥石流暴发突然、来势凶猛，面积、体积和流量都较大，泥石流高速冲击，具有强大的能量，因而破坏力极大。泥石流流动的全过程一般只有几秒钟、几分钟，长的可以达到几小时。

暑假，13 岁的小米回农村姥姥家。中午，独自去村口的山谷边抓蚂蚱，由于昨天夜间下了一场小雨，导致了泥水与渣土滑坡。

小米看着快速冲下来的泥石流，吓呆了，幸亏一位村民发现了呆若木鸡的小米，飞快地跑到她跟前，拉着小米跑出山谷，避免了危险。

(1) 注意天气情况，远离山谷，不停留。外出前，注意收听天气预报，避免雨季出行。进入山区活动时，不得已进入山谷时，要注意了解情况，掌握当地的地质变化规律，一旦遭遇大雨，要迅速离开山谷，绝对不要在谷底过多停留。

(2) 眼观六路，耳听八方。注意观察周围环境，特别留意是否听到远处山谷传来打雷般的声响，如听到要高度警惕，这很可能是泥石流将至的征兆。如果闻到土腥味，不要靠近山谷。

(3) 露营选择安全地域。外出时，进入野外荒野地域，要建议家长选择平整的高地作为营地，避开大量堆积物的山坡下面，不要在山谷与河沟底部扎营。

(4) 正确逃生，横向移动。发现泥石流后，要马上与泥石流呈垂直方向向两边的山坡上面跑，爬得越高越好，跑得越快越好，绝对不能往泥石流的下游跑。因为固体堆积物浸水后，稳定性降低，在重力作用下，容易发生不规则移动。

救助被泥石流淹埋的人有三个原则：一是不盲目实施救助，必须确保安全；二是尽量第一时间报警，呼唤成年人前来救助；三是从泥石流堆积物侧面开始挖掘，先救人，后救物。

8. 滚石

野外活动时，看似平常的地形、地域，可能会暗藏着“杀机”。千万不要等“杀机”出现时，才后悔没有预见与自救知识。平时，女生务必要增强安全意识，掌握生存技能，现在开始，肯定不晚。

真实事件

放暑假，11 岁的宁宁跟着妈妈来采石场找爸爸。大大小小、奇形怪状的石头一下子吸引了宁宁。

午饭后，宁宁一个人来到一个斜坡处，找寻自己感兴趣的小石子，想多带点回去跟同学们分享。正当宁宁聚精会神地盯着小山坡时，忽然发现从山上面开始飞落下来无数小石子。紧接着，脚底下一阵摇晃。

突然，她看见大块石头滚了下来，吓得她飞快地往坡下跑。结果被一块石头绊了一跤，嘴唇磕流血了。

爸爸及时赶来，看着满嘴流血的宁宁，赶紧找来了止血药。爸爸告诉宁宁，采石厂很危险。采石时，强大的震动力，可能震动到了一些松动的山体，经常会有这种类似小滚石的事故发生。遇到这种情况，千万不能顺着石头滚落的方向跑，应该往垂直于滚石方向的山坡横向跑。虽然受了点小伤，但是，宁宁觉得自己有了生存的收获。

(1) 沉着冷静，不慌乱。外出时，遇到滚石，务必要观察情况，判断滚石的危险程度，采取最安全、最可靠的措施，迅速撤离到安全地点。

(2) 眼观六路，耳听八方，分清轻重缓急，跑动方向就是生命。一定要观察好滚石的方向，朝垂直于滚石的方向跑。在确保安全的情况下，离原居住处越近越好，交通、水、电越方便越好。切记，逃离时，不要顺着滚石方向跑。

(3) 选择安全的避险地点。不要将避灾场地选择在滚石的下坡地域，也不要未经全面考察，从一个危险区跑到另一个危险区。逃生时，要听从统一安排，不要自择路线。

(4) 就地自保。情况紧急时，当你无法继续逃离时，应迅速抱住身边的树木等固定物体，回避直面的滚石。也可躲避在结实的障碍物下，或蹲在地坎、地沟里。应注意保护好头部，可利用身边的衣物裹住头部。

(5) 立刻将灾害发生的情况报告相关部门或单位。发现滚石时，如果影响了道路，应及时报告家长、老师，及时告诉有关部门，这一点非常重要。

(6) 滚石停止后，不应立刻回家。因为滚石会连续发生，贸然回家，容易遭到第二次滚石的侵害。只有当滚石已经过去，并且自家的房屋远离滚石，确认完好安全后，在家长的允许下，方可进入。

遇到滚石，不要慌张，保持镇定，做出正确的判断，非常重要。绝对不能呆若木鸡，坐以待毙。

9. 雷电

女生都见过闪电吧，是不是很神奇呢？在雷电现象发生时，高压电流可在建筑物、树木、金属物等导体上产生高强度的电压。人触摸到这些带电的物体时，就会发生触电事故，轻者受伤，重者会失去生命。

夏天，天色阴沉，眼看一场大雨即将来袭。此时，8 岁的小明正在村里的大树下玩。不一会，天空开始掉雨点，隐约听到雷声，一道闪电朝小明附近的大树劈来，火花一闪，她突然倒地，身上的衣服多处被烧焦，失去了知觉。爸爸找到小明，但为时已晚。

（1）雷雨天气，尽可能不要在户外活动。上下学时，应等雷雨停后再出门，或错开雷雨时间。

（2）保持情绪稳定，观察周围环境并迅速采取应对措施。不要待在山顶、楼顶、桥上等高处，不要在孤立的高大建筑物和大树下避雨。如果在空地

上，应立即蹲下，应尽量降低自身高度并减少人体与地面的接触，或者双脚并拢蹲下，头伏在膝盖上，但不要跪下或卧倒。雷电发生时，不要把铁器扛在肩上；远离铁栏、铁桥等金属物体及电线杆。可适当选择一处建筑物或就近进入洞穴内、沟渠等处暂时栖身。马路上行走，要小心绕开电线头，以免触电。雷雨天气在户外活动时，不要使用手机。

（3）掌握安全常识，不逞能。不要撑金属伞柄的雨伞在雨中行走，不宜快骑自行车，不能在雨中狂奔，因为身体的跨步越大，电压就越大，也越容易伤人。要尽可能远离建筑物外露的水管、煤气管等金属物体及电力设备。

（4）紧急避险。当头、颈、手处有蚂蚁爬走的感觉，头发竖起时，说明即将发生雷击，应赶紧蹲在地上，并扔掉身上佩戴的金属饰品，这样可以减少遭雷击的危险。如果看见闪电，几秒钟内就听见雷声，说明自己已处于雷暴的危险地带，此时应停止行走，双脚并拢并立即下蹲。

（5）在家里也要注意防雷电。如果在家里，外面雷电交加，不要上网，不要使用调制解调器或 ADSL 设备，把电脑的电源插座拔掉，应确保电脑有良好的接地线。普通电话也应避免在雷击时使用。雷雨到来之前，应马上关好门窗，关闭室外天线，拔掉电源和电话线及电视闭路线等可能将雷电引入的金属导线，以防雷电进屋，损坏电器。不要站在灯泡下，不要冒雨外出收晒衣绳上的衣物。雷雨天气，电流可能通过水流或管道使淋浴者或触摸管道者遭雷击，因此雷雨天气不要使用淋浴器，不要触摸金属管道。

当雷电击中一个物体时，强大的电流通过物体泄放到大地。人两脚站的地点电位不同，这种电位差在人的两脚间产生电压，也就有电流通过人的下肢。

10. 不明物质

女生外出活动时，无意中看到过不明物质吗？这些不明物质是否会带给你很多的遐想呢？你好奇于它、惊讶于它，甚至还会无厘头地追随它！你问过自己有危险吗？现实中你知道该怎么办吗？

周日上午，11 岁的小荷外出锻炼身体。刚走进小区的花园中心，发现了一个漂亮的棕色玻璃瓶子，用脚踢了一下。“砰”的一声，棕色玻璃瓶子爆炸了，碎玻璃扎伤了小荷的身体，家人立刻将小荷送进医院，医生说玻璃上有强酸物质，需要住院治疗。

（1）保持警惕性，任何时候都要把安全放在第一位。发现不明物质，要保持安全距离，不要贸然接触，更不能随意拿、握、踢、打、近距离看，要认真问问自己安全吗？危险吗？会不会爆炸呢？有没有毒素呢？有没有传染性呢？有没有放射性呢？

（2）减少好奇心，最好不要追逐，也不要拿回家。不明物质情况特殊，形态也不一样，在没有把握或是不安全的地方遇到不明物质，可以标记地点、位置与形状，然后报告家长、老师或有关部门。不要擅自把不明物质拿回家。

（3）相信科学，不要人云亦云。遇到不明物质时，不要被眼前的东西所迷惑，要善于思考，科学地看待不明物质，问问自己不明物质是不是符合科学原理，不能跟着别人起哄，散布谣言。

遇到不明物质的时候，最好保持安全距离，使自己处于安全地带，要仔细观察，弄清楚不明物质的形态与形状，报告有关部门。

11. 冰雹

冰雹，也叫“雹”，俗称雹子，有的地区叫“冷子”，一种固态降水物，系圆球形或圆锥形的冰块，由透明层和不透明层相间组成。它是一些小如绿豆、黄豆，大似栗子、红枣、鸡蛋的冰粒，特大的冰雹比苹果、柚子还大。

一般情况下，冰雹的直径为 5 ~ 50 毫米，大的冰雹有时可达 100 毫米以上，夏季或春夏之交最为常见。

冰雹灾害是由强对流天气引起的一种剧烈的气象灾害，它出现的范围虽然较小，时间也比较短促，但来势猛、强度大，并常常伴随着狂风、强降水、急剧降温等阵发性灾害性天气过程。我国是冰雹灾害频繁发生的国家，冰雹每年都给农业、建筑、通信、电力、交通以及人民生命财产带来巨大损失。

夏天闷热，一场狂风暴雨马上要来临了。本来爸爸是不主张在这样恶劣的天气出门的，可是拗不过11岁的小青。两人打了一辆出租车前往图书馆，因为小青要去查找资料。不一会儿，大雨和冰雹从天而降，打得汽车玻璃啪啪作响。

突然，鸽子蛋大小的冰雹砸在出租车的前挡风玻璃上，司机一时慌神，把车子开进了绿化带。小青和爸爸尖叫着，头撞在了汽车玻璃上，都受了伤，赶来的警察立刻将父女俩送往医院，在急诊室里待了5个小时。

医生建议在恶劣天气尽量不要外出，特别是有冰雹的情况下，更不宜外出，小青这次长了记性。

安全处方

(1) 注意收听天气预报，主动了解活动地域的冰雹规律，预先做好防范。遇到冰雹天气，暂停一切户外活动，不能因为好奇，随意出行。

(2) 突然遇到冰雹袭击，要保持镇静，迅速躲避。如果在郊外遇到冰雹，立刻跑进防空洞里，进入岩洞中，躲避在突出的岩石下。如果附近什么也没有，应该立刻采取户外安全避险，即半蹲在地，双手抱头，全力保

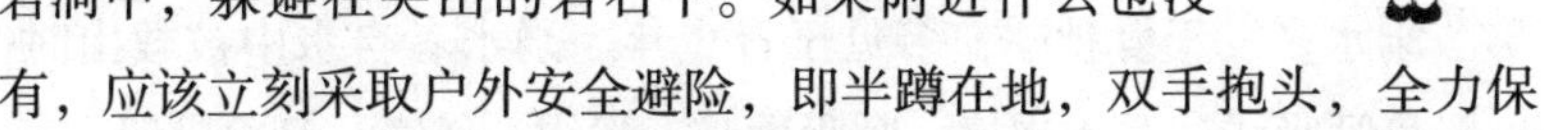

护头部、胸与腹部不受到袭击。如果随身携带有包、文件夹，可以临时放在头顶，使危害减少到最低。实在没有物品时，可以把鞋脱下来，或者捡地上的大石头放在头上，也能起到缓冲的效果。

(3) 注意交通安全。过马路时，要遵守交通规则，不要抢道。如果家长开着车，提醒家长最好把车停在相对安全的路边，以免冰雹把挡风玻璃砸坏，干扰开车。注意不要在下冰雹的过程中着急下车，以防被冰雹砸伤。

(4) 上下学的路上遇到冰雹，立刻躲进附近的商店中、地下通道里。躲避时，不要看热闹，要远离照明线路、高压电线、变压器、大树、高大的广告牌，以防触电、砸伤。

(5) 看到需要帮助的人，如小孩、盲人、老人、孕妇时，应在保护好头的同时，迅速冲过去帮助其躲避到安全地点。发现有人被砸伤时，应立刻报警，同时呼叫救护车。

夏天雨多、风大，要了解天气变化情况，及时收听（看）天气预报。遇有雷雨等恶劣天气，尽量不要外出，切不可抱有侥幸心理。因为冰雹天气经常伴随雷雨，甚至龙卷风同时出现。

12. 溺水

溺水多发于夏秋季，多见于青少年。溺水者自水中被救出时，一般呈呼吸浅速、不规律、呼吸困难、发绀、咳嗽，甚至呼吸、心

「溺水」

跳停止，意识模糊。溺水者常因窒息而死亡。炎热的夏天，女生外出时，不要私自下水玩，如果突发溺水，你会正确应对吗？

暑假，小兰与妈妈回姥姥家。途经一个水库，小兰看到水边有好多的小鱼，其中还有带颜色的，感到很好奇，叫妈妈停车休息一会，独自来到水库边，用手去捞小鱼，可是没想到，清澈透明的水边很湿滑，小兰脚一滑，跌落水中，顿时乱了方寸，惊慌失措，大声叫喊，连续呛了几口水。妈妈赶紧跑来，想把小兰拉上岸，由于小兰拼命挣扎，顺势把妈妈也拉下了水。

两人在水中都慌了神，不断地挣扎着、喊叫着，连续呛水，眼看着就要沉入水底了，幸好被水库管理人员发现，立刻带上救生器材跑过来，成功地把两人救上了岸，避免了一次重大事故的发生。

（1）自救。意外落入水中时，如果身体快速沉入水中，必须保持冷静，不要慌神，先憋一口气，保持清醒状态，全身放松，掌心向下，双臂从身体两边像鸟飞一样顺势向下划水。向下划水要快，抬上臂要慢；同时双脚像爬楼梯那样用力交替向下蹬水，或膝盖回弯，用脚背反复交替向下踢水，而后迅猛地向上扬起双臂，挺胸抬头。此时，身体会迅速上浮，耐心等待，等头部露出水面时，应冷静地采取头向后仰，面向上方的姿势，争取先将口鼻露出水面，立即进行呼吸，同时大声呼救。呼气要浅，吸气宜深，尽可能保持自己的身体浮于水面，以等待他人救援。呼救过程中，保持清醒，双脚要连续运用“蹬自行车式”的踩水技巧，双手模仿鸭子脚掌划水的方式进行交替式划水，避免身体下沉。注意不会游泳及踩水的人不要试图不让自己再次下沉，更不能将手上举或拼命挣扎，这样不但消耗体力，而且因为失去划水的力量，更容易使人身体下沉。如果身体再次缓慢下沉，就照原样再做一次，如此反复，直到救援人员到来。

（2）互救。无论落水者还是岸上的人，首先要大声呼救，寻求旁边的会水之人帮忙，同时拨打报警电话及医院的救护电话。其次落水者保持冷静，不要慌乱，岸上的人不断呼喊，给落水者安慰与信心支持，同时在岸边寻找长的竹竿、绳子或其他救生器材，迅速用竹竿一端伸向落水者，或用其他救生器材把落水者救上岸。如果岸边的人会游泳，水中情况良好，可以下水救人。注意施救者一定要从落水者侧后方接近落水者，以免被落水者缠住。

（3）立刻抢救。把落水者救上岸后，立刻进行生命体征检查，发现生命体征正常，进行心理安慰即可。如果发现生命体征微弱，立刻拨打120急救电话，同时及时清理溺水者的呼吸道，保持呼吸道畅通，正确地实施人工呼吸与心脏复苏术，不能消极等待，失去宝贵的施救机会。

女生一定要远离水坑、水洼、水库、池塘、水沟等不熟悉的水域，在没有把握的情况下，不要独自盲目下水救人，要考虑当时溺水者的情况和自身的游泳技术，以免自身也陷入被动。

女生防身小贴士

少女们，眼前的生活是美好的，但是生活中的很多事情有时候不在我们的掌控之中。就如月有阴晴圆缺，人有悲欢离合一样，相信美好，相信好人好事多，但也要正视接纳不尽如人意的人与事，有备无患，未雨绸缪，做个有准备的人，才能更好地面对生活中突发的灾难，保证安全。

防身小贴士：

（1）独自走路时，尽量走大路，不能图近而抄小路，最好不要走偏僻阴暗的道路，更不能在这些地方久留。

（2）贵重物品尽量不外露，如手机、手提电脑与平板等，最好放进书包里。

（3）发现有人跟踪时，要保持冷静，积极思考安全的求生方法。遇到歹徒不要盲目反抗，机智应对，尽量记住歹徒的体貌特征、口音等基本信息，确保自身安全后，及时报警。

（4）学点实用防身术，如学习跆拳道、空手道、散打、摔跤、武术等实用的武术技能，学习侦察兵的跌扑滚翻、擒摔技巧、体能训练、沙袋训练、击打反应速度训练等，既能强身健体，还可以防身。

（5）天黑后，回家坐电梯选择靠按钮的一边，进入电梯前观察情况。

(6) 坚决不坐黑车，也不与陌生人拼车，遇人求助时，务必要多个心眼，保留证据。

(7) 遇到陌生人强拽，勇敢点、精神点、机智点，大声呼喊。

(8) 慎用定位系统，保护个人隐私。

(9) 必须去往不熟悉或偏僻处时，提前将手机联系人的电话找好，以便随时拨出联系。

(10) 书包里装点防“狼”喷雾剂、辣椒水、防身电击棍、喷水枪、灰粉等防身器材。

(11) 生命最重要，不管用什么方式都要记得智取，舍弃财物，保护生命安全最重要。

后 记

生活中紧急情况的发生，往往没有规律性，有些是可以预见的，有些是不可以预防的，有些是可以避免的，有些是无法抗拒的。但是无论什么情况发生，都要面对。采取的方法正确、及时，善于理智地处理，一般是能平安度过的。

很多事实告诉人们，当遇到紧急情况时，要积极思考对策，充分发挥主观能动性，设法变被动为主动，你就是生活的强者，是不向命运低头的人。要有坚强的意志品质，不到最后，是坚决不能放弃的；只要有一口气在，就要拼搏，就要抗争，兴许希望就在最后的一分、一秒钟。

遇到危险情况，可能会使身体受伤，甚至会威胁人的生命安全。一些损伤如果处理得当，会把你从死亡的边缘拉回来；一些损伤如果处理不正确，会给你造成终身难以弥补的严重后果。

其实，只要平时多留心，加强学习与研究，正确掌握好应急救护知识，遇到危险情况后，就会临危不乱，转危为安。不要轻视自救与互救。当不幸遇到危险后，面对生与死，怎么办？是痛苦等待，在等待中死亡；还是积极地开展自救互救，挽救生命呢？我想，同学们肯定会选择后者。

本书在写法上不是很规范，很多地方不够精彩，希望读者批评指正。特别感谢出版社的陈瑞老师的鼓励与指导，感谢责任编辑的帮助，感谢校对老师们的精心润笔。

李澍晔　刘燕华　李美晔

2017年4月28日

于北京郊区老房子